科普知识博览·动植物百科

狮　子
SHI ZI

王经胜 /编著

Science Book

图书在版编目（CIP）数据

狮子 / 王经胜编著 .-- 北京：北京联合出版公司，2013.9（2022.1 重印）

（科普知识博览·动植物百科）

ISBN 978-7-5502-1914-4

Ⅰ.①狮… Ⅱ.①王… Ⅲ.①狮—普及读物 Ⅳ.①Q959.838-49

中国版本图书馆 CIP 数据核字（2013）第 216424 号

狮　子

编　　著：王经胜
选题策划：天昊书苑
责任编辑：史　媛
封面设计：尚世视觉
版式设计：程　杰

北京联合出版公司出版
（北京市西城区德外大街 83 号楼 9 层　100088）
北京一鑫印务有限责任公司印刷　新华书店经销
字数 100 千字　710 毫米 ×1092 毫米　1/16　12 印张
2013 年 10 月第 1 版　2022 年 1 月第 3 次印刷
ISBN 978-7-5502-1914-4
定价：49.80 元

未经许可，不得以任何方式复制或抄袭本书部分或全部内容
版权所有，侵权必究
本书若有质量问题，请与本公司图书销售中心联系调换。

前言 Preface

青少年是我们国家的未来，是实现中华民族伟大复兴的主力军。对于青少年来说，他们正处于博学求知的黄金时期。除了认真学习课本上的知识外，他们还应该广泛吸收课外的知识。青少年所具备的科学素质和他们对待科学的态度，对他们未来的成长会有深远的影响。因此，对青少年的科普教育和普及是极为必要的，这不仅可以丰富他们的学习、增加他们的想象力和思维能力，而且可以开阔他们的眼界、提高他们的知识面和创新精神。

本套《科普知识博览》丛书属于趣味型科普丛书，这是一套专为青少年量身打造的科普读物，它向读者展示了一个生动有趣的科普世界。翻开本套丛书，你会发现：科普知识不再如课本里讲述的那样乏味枯燥，而是变得鲜活、生动起来；科普知识不再是抽象的定理和公式，而早已渗透到我们生活的方方面面。通过这些富有神秘性、趣味性的知识话题，来满足读者的求知欲与好奇心。

本套系列书为了迎合广大青少年读者的阅读兴趣，配有相应的图文解说和介绍，多元素图文并茂的编排方式，再加上简约、大方的版式设计让人赏心悦目，使本书的知识内容变得更加的鲜活亮丽。在提高青少年感观效果的阅读时，享受这科普世界无穷无尽的乐趣。

Contents 目录

科普知识博览·动植物百科

第一章 >>>
狮子概述

狮子简介 …………………… 003
狮类的起源、辐射和扩散历程 004
狮子的演化及亚种分化 …… 008
狮子的体态特征 …………… 014
狮子的生活习性 …………… 017
狮群中的母狮 ……………… 026
狮子的生命威胁 …………… 028

第二章 >>>
狮子的类别与分布

狮子的主要种类介绍 ……… 035
狮子的亚种简介 …………… 056
狮子的生活分布 …………… 061

第三章 >>>
畅谈狮子和老虎的结晶

结晶 ………………………… 063
狮虎兽 ……………………… 065

Contents 目录

科普知识博览·动植物百科

虎狮兽 …………………… 080
老虎和狮子到底谁最强大 …… 083

第四章 >>>
畅谈狮子文化

我国的舞狮文化 …………… 093
我国的石狮文化 …………… 129
关于狮子的饮食文化 ……… 145
关于狮子的文玩分类 ……… 151
与狮子有关的传说 ………… 153
与狮子有关的典故 ………… 162
与狮子有关的故事 ………… 169

有关狮子的品牌形象 ……… 176
狮子精神 PK 狼性文化 …… 180

第一章 狮子概述

地球是一个大家园，生物界形形色色的有趣动物，它们同我们生活在一个地球上，是人类不可忽略的朋友。人类发展很快，在我们建设美好家园的同时应该给动物们留下生存的空间。因为有所有的动物，地球才不会失衡。动物在这美丽的星球上经历了无数次的优胜劣汰，终于战胜了自然的严峻考验，与人类共同演绎了这个世界的多姿多彩。

狮子在动物学中属哺乳纲猫科。其雄性体形矫健，头大脸阔，颈耍有髦毛，姿态甚是威猛。它原产地不在中国而是非洲、印度、南美等地。汉武帝时，张骞出使西域，打通了中国与西域各国的交往，狮子才得以进入中国。《后汉书·西域传》载："章帝章和元年（公元87年），（安息国）遣使献师（狮）子、符拔。"是说远在西亚的安息国（相当于今伊朗）派使臣给当时的汉章帝刘桓送来了罕见的礼品：狮子和符拔（一种形麟而无角的动物）。这在当时的国都洛阳引起了不小的轰动。从此狮子这远道而来的客人开始走入中国人的民俗生活，不仅受到礼遇，而且国人对它厚爱有加，尊称之为"瑞兽"，抬到了与老虎不相上下的兽中之王的地位。李时珍《本草纲目》称"狮子出西域诸国，为百兽长。"

书章将叙述"草原霸主"——狮子的总体特征，带读者快捷地进入动物世界中的狮子领域，感受它们的神奇与美丽。

第一章　狮子概述

狮子简介

狮子是地球上力量强大的猫科动物之一,也是唯一的一种雌雄两态的猫科动物。过去它分布在多个洲,如今它的生存环境已经相当小了,主要生存在非洲和亚洲。汉语"狮"一词音译自波斯语Shir。中国本来没有狮子,张骞通西域以后才知道印度有狮子的存在。

狮子生存的环境里,其他猫科都处于劣势。狮的体型巨大,公狮身长可达180厘米,母狮也有160厘米。狮的毛发短,体色有浅灰、黄色或茶色,不同的是雄狮还长有很长的鬃毛,鬃毛有淡棕色、深棕色、黑色等。狮的体型巨大,综合统计,非洲雄狮平均体重185千克,全长2.7米,是最著名的猫科霸主。漂亮的外

形、威武的身姿、王者般的力量和梦幻般的速度完美结合,赢得了"万兽之王"的美誉。

狮类的起源、辐射和扩散历程

目前的古生物学证据显示，最早的大型猫科动物（豹属）化石出土于非洲的坦桑尼亚，在地质年代上属于晚上新世（早维拉方期），距今已有350万年的历史。这种大型猫科动物在形态上具有很多现代狮的骨学特征，大部分学者将其视为最古老的狮类动物。随后又在东非发现了距今180至170万年前的早更新世（Olduvai事件）的狮子化石。中更新世的早期，狮子已广布于非洲大陆的东部和南部。与此同时，化石记录显示起源自非洲的狮子已开始进入欧亚大陆。到了更新世中晚期，狮子已扩散到欧洲大陆、英伦群岛、亚洲的中东、西伯利亚、中国北部（周口店）和西南亚的大部分地区。这类大型猫科动物的扩散、辐射能力是惊人的。举个例子，狮子从欧亚大陆的西伯利亚经白令

第一章 狮子概述

陆桥迁徙至北美的阿拉斯加仅仅用了100年时间！到了最近的一次冰期时代，狮子又从北美侵入南美的中南部。

在形态上，从东非发现的早更新世的狮化石（下颌骨、髋骨、股骨）已与现代狮无异。这表明狮类（实际上其他猫类也是如此）在质量性状的进化速率较慢，但却有着较快的形态尺寸的进化速率。在欧洲维拉方期中晚期所发现的洞狮材料，在颅骨和牙齿尺寸上都要平均地大于现代非洲狮。最近有人通过对颅骨和牙齿尺寸的大小，准确地推算、复原出洞狮、巨型美洲豹的生活形态。更新世晚期的美洲拟狮，在体型上已相当巨大，它们具有比例上较大、细的肢骨，在头骨和牙齿上也与洞狮有差别。总体而言，形态尺寸的变化是狮类演化中的焦点。此外，鬃毛的演化也引起了许多学者的兴趣。就目前的观点看，从欧洲石器时代先民所作的岩画显示，早期的狮子是没有鬃毛的，这些狮子被称为"无鬃狮"，这包括了洞狮和美洲拟狮。直到1万年前，无鬃狮还生活在欧亚和新大陆（北美和南美）。到了32至19万年前，现代有鬃狮才开始出现，并逐步取代了无鬃狮。今天生活在非洲大陆和亚洲西部的狮子，便是这些有鬃狮的后裔。

在大型陆生哺乳动物进化史中，狮类无疑是进化得最为成功的。在狮类种群繁盛的地区，其他猫科类总是相对处于劣势。比如在欧洲和北美所出土的狮类化石，在数量和地点上往往要远大于同一时期的豹、美洲豹、美洲剑齿虎和锯齿虎。狮类并没有扩散到东亚，这很可能是由于东亚的山地森林（封闭型生境）不适于狮类这样的集群动物生存，而更适于另一个崛起的大型豹属动物——虎。化石证据表明，虎与狮在辐射、扩散过程中，总是采取生态位的分离来避免直接的进化竞争，虎倾向于封闭型生境，狮倾向于开放型生境。狮和虎在最后一次冰期时代的种群衰退，是由于人类种群的繁盛所导致，那些曾经占有统治地位的大型猫科类，最终被智人所取代。

在狮子的辐射、扩散过程中，哪些因素起着主导作用呢？古气候、古环境、生物地理学和古哺乳动物学的综合分析表明，更新世的气候、环境直接影响着大陆间的连接和隔离。海侵和海退，间冰期和冰期的更替使得大陆间时而连接，时而隔离。气候和环境的复杂变化也使动物产生了快速的分化，尤其是狮子的主要猎物——大型有蹄类动物，这些因素是狮子进化的主要动力。此外，成为社群性动物的行为机制也是狮子能够广泛分布的一个重要原因。

第一章 狮子概述

狮子之最

（1）狮子是进化最成功的猫科动物；

（2）狮子的犬齿是进化得最先进的；

（3）狮吼是所有猫科动物里面最震撼的，也是传得最远的，可达几千米；

（4）狮子的肩高是猫科动物里最高的；

（5）狮子的头骨也是猫科动物里动物里最大的；

（6）狮子的嘴是猫科动物里最长的；

（7）狮子是记录片最多的动物；

（8）雄狮是最具王者风范的动物；

（9）狮子的矢髂骨是猫科动物里最发达的；

（10）狮子捕获的猎物是最大的；

（11）狮子所处的环境是竞争最激烈的非洲；

（12）雄狮间的打斗是猫科动物里最激烈的。

狮子的演化及亚种分化

狮是现代猫科动物中进化得最为成功的种类。它们的演化在第四纪达到了顶峰,曾广泛分布于非洲、欧亚、北美大陆,在最后一次冰期时代它们还一度侵入南美的中南部。同时在狮子的进化历程中也分化出了许多形态来适应各大洲所不同的气候、环境条件和猎物基础,诸如著名的洞狮和美洲拟狮。

目前已知最早的狮类祖先的化石在非洲东部的 Olduvai 峡谷中被发现,是在距今大约 150 万年前的早更新世,那是一种类似 Panthera gombaszoegensis 的食肉动物,它的骨骼结构兼有现今狮子和虎的共同特征,被称为原始狮。

到了距今 50 万年前,这些原始狮开始从东非草原向四处扩散,由于对不同环境能很好适应,其中一些成员开始"走出非洲"并独立演化。

进入亚洲东北部的成员演化成了杨氏虎,那是一类略小于洞狮及美洲拟狮的猫科食肉动物。译名中虽然有"虎"字,但杨氏虎与起源于中国的现代虎类以及剑齿虎类却不是同源,并且与二者共存了相当长的时间。借着对环境的高度适应,杨氏虎在距今约 35 万年前曾在包括周口店在内的中国东北部广泛分布。

第一章　狮子概述

　　进入欧洲的原始狮适应了山地和寒冷的气候,进化成洞狮。一些学者推断美洲拟狮可能就是洞狮中的某些成员通过亚洲北部的白令大陆桥,进入美洲大陆单独演化而成。同样,留在非洲的原始狮通过相应演化(也出现过一些已绝灭的特化分支),进化出现代非洲狮和亚洲狮(它们是非洲狮在距今更近的时候再次进入亚洲而成)。

　　在距今30万到10万年期间,洞狮的足迹遍布欧洲北部和中部的草原和荒漠、半荒漠地区。不过很明显,它们不太适应密集的森林或较深的雪原。洞狮化石在欧洲最西分布达英伦三岛,最东到西伯利亚的Alazeya河流域,它们的主要猎物可能是马、骆驼、猛犸幼崽和各类野牛。也许就是追踪这些

猎物,它们中的一支通过了冰河时期的白令大陆桥,进入了陌生的北美草原,更广阔的环境迫使它们演化出长长的四肢,以利更快的奔驰,于是美洲拟狮出现了。

当时北美草原的环境及食物状况可能大大优于欧亚大陆,美洲拟狮的扩张显得非常迅速和顺利,它们从阿拉斯加向东进入育空地区,向南穿过威斯康星平原直达佛罗里达、墨西哥甚至是秘鲁南方的山地。与洞狮的习性一样,相当密集的森林使得它们始终没有进入加拿大东部和美国东北部地区。进入育空的美洲拟狮们在狩猎中难免要

第一章 狮子概述

也许与洞狮和现代东北虎一样,美洲拟狮较好地适应了育空地区寒冷的气候,它们住在洞穴或峡谷中,并以干燥的草来铺垫它们的窝。依照美洲拟狮的解剖构造,至少能像非洲狮一样,在追击猎物时能达到每小时48千米的速度。与美洲剑齿虎一样,它们最主要的猎物仍是野牛。1979年,在阿拉斯加Fairbanks发现的冰冻的野牛尸体。据专家考证,该野牛就是于36000年前被美洲拟狮所捕杀。马类、叉角羚甚至较小的猛犸也在它们的食谱上。不过,在美国爱达荷州一处古印地安遗迹中发现,在距今10300年前,古印地安人曾捕猎并杀死过美洲拟狮。

与别的食肉猛兽发生冲突,诸如巨型短面熊和体形类熊的似剑虎,成群恐狼的骚扰也不可不防。不过,凭着强大的力量和速度,美洲拟狮往往占得上风。不少学者推测,与现代非洲狮一样,美洲拟狮也是喜群居生活、群居狩猎的社会化动物。然而,也有学者宁愿相信它们是单独或成对狩猎。他们的依据恰恰来自La Brea沥青坑,那里发现的美洲拟狮的个体中,雌雄的数量相当,这一点与现代非洲狮大不相同。

美洲拟狮

美洲拟狮是冰河时期（距今二百万年左右）游弋于北美大陆众多食肉动物中体形第二大的一类，而在美洲的猫科猛兽中则绝对是庞然大物了。

美洲拟狮在美洲的分布很广，北到阿拉斯加及现今加拿大育空地区广袤的平原，而南部一直延伸到秘鲁的安第斯山脉。多年来，美加两国的古生物学家陆续发现了很多美洲拟狮极其类似动物的相关化石，尤其是在加州洛杉矶附近著名的 La Brea 沥青坑中。到目前为止，已有超过80个的美洲拟狮的个体被发现，这使得科学家及爱好者们对其身体结构及习性特点的研究有了很好的条件。而在加拿大，美洲拟狮的骨骼遗迹在育空地区最后的冰期堆积物中常常被发现，其中最好的化石往往来自道森地区，最北近北极圈附近。

关于这类动物的外貌及生活状态，从它们的近亲——欧洲洞狮可见一斑。尽管国内外也有不少人对此持异议，因为在欧洲大陆的一些山洞中发现了一些距今40000到10000年间的史前遗迹，其中有旧石器时代的人类祖先在岩画中对洞狮的生动描绘。尽管这些史前艺术品非常迷人也很有价

第一章 狮子概述

值，但科学家们还是发现了美洲拟狮与洞狮以及现今存在的非洲狮之间的不同特征。

美洲拟狮的特征首先是巨大的体形，其头骨可超过46厘米长，身高通常1.3～1.4米。而它们拥有的相对较长的四肢和身长，使得美洲拟狮显得较为苗条，和一匹马差不多高大，这一点与体形同样巨大，但显得过于魁梧、雄壮的洞狮迥异。与现今的非洲狮相比，成年的雄性美洲拟狮要比其非洲狮体形长度上要大出25%。科学家们根据骨骼，尤其是基于大腿骨的尺寸推算出美洲拟狮活着时的身体重量，雄性美洲拟狮平均重约435千克，雌性大约重290千克。显然，它们的体重明显超过同时代的主要竞争对手——美洲剑齿虎、似剑虎和异剑虎，不过仍然小于在北美草原上四处游荡的巨型短面熊。但是在牙齿和骨骼结构特征中，美洲拟狮强烈地显示出了一些进步的迹象。

狮子的体态特征

狮子是强大的猫科动物之一。公狮体长1.2~2.5米（不带尾巴，亚洲狮和非洲狮全包括在内），雄狮体重可达150~180千克，母狮也有130~160千克左右，大致相当于雄狮的2/3，野生雄狮最重可超过220千克。狮子一般以食肉为主，非洲狮的数量在减少，但是它们目前并未被列为濒危或受威胁物种（亚洲狮濒危）。

狮子拥有猫科动物中最大的头骨和肩高，雄兽的颅全长一般在35~38厘米；雌兽的颅全长一般在28~32厘米。显而易见，雄兽普遍的要大于雌兽。在来自非洲各地和印度的雄狮标本中，南非、埃及的标本比较大，颅全长

第一章 狮子概述

一般都超过 37 厘米, 38 厘米、39 厘米的标本也不少, 最大的一个有 40.2 厘米。东非的一般在 35～37.5 厘米之间。印度的狮子比较小, 一般只有 33～34 厘米左右。有趣的是, 一向被认为是体型非凡的北非狮, 头骨并不大, 最大的一个, 也仅有 36 厘米, 头全长的范围, 基本上与东非狮相当。

狮的毛发短, 体色有浅灰、黄色或茶色, 不同的是雄狮还长有很长的鬃毛。鬃毛有淡棕色、深棕色、黑色等等, 长长的鬃毛一直延伸到肩部和胸部。研究表明, 雄狮鬃毛的主要作用是夸张体型起到一定的威吓作用。狮的头部较大, 脸型颇宽, 鼻骨较长, 鼻头是黑色的。狮的耳朵比较短, 耳朵很圆。母狮的耳朵好像是个短短的半圆, 而美洲狮的耳朵则比较长, 耳尖也比较尖。另外, 狮属于猫科动物中的豹亚科, 而美洲狮则为猫亚科, 两者相差颇远。狮的前肢比后肢更加强壮, 它们的爪子也很宽。狮的尾巴相对较长, 末端还有一簇深色长毛。

动植物百科——狮子 015

第一章 狮子概述

狮子的生活习性

与其他猫科动物最不同的是，狮子属群居性动物，是地球上最强大的猫科动物之一，非洲的其他猫科动物很难与之抗衡。一个狮群通常由4至12个有亲缘关系的母狮、它们的孩子以及1至2只雄狮组成。这几个雄狮往往也有亲属关系，例如兄弟。狮群的大小取决于栖息地状况和猎物的多少。东非的狮群往往比较大，因为那里的食物充足。最大的狮群可能聚集了30个甚至更多的成员，但大部分狮群维持15个成员左右，小一些的狮群也很常见。一个狮群成员之间并不会时刻待在

动植物百科——狮子

一起，不过它们共享领地，相处比较融洽。例如母狮们会互相舔毛修饰，互相交换照看孩子，当然还会共同狩猎。

狮群中雄狮很少参与捕猎，基本只负责"吃"，这也不能怪它们的大男子主义和懒惰。要想在开阔的草原上把夸张的鬃毛和硕大的头颅隐藏起来，还真是不容易，与其让它们在外面四处惊吓猎物，还不如闲待着。狮群中的雄狮当然也不完全是白吃白住，它们除了承担一半繁衍后代的任务，还要和草原上游荡的流浪雄狮做斗争，这不但关乎自己在狮群中的地位，包括交配权，还涉及它的后代的性命。因为胜利者常常杀死狮群中无力自卫的孩子，逼迫狮群中的母狮愿意和它婚配。

不过尽管不事生产，雄狮仍然受到母狮的尊重，于是捕猎回来的战利品通常先由雄狮享用，等它们用膳完毕才是地位最高的母狮，最后才是孩子们。

狮群的领地范围大小不等，例如在卡拉哈里沙漠（狮群可能会有119~275平方千米的领地，而在

内罗毕国家公园里生活的狮群,顶多能抢到 31 平方千米就不错了)最大的领地能超过 400 平方千米,边界用排泄物划分。有时相邻狮群间的领地有时会交叠,不过它们很少以暴力解决这种问题。

狮通常捕食比较大的猎物,例如野牛、羚羊、斑马,甚至年幼的河马、大象、长颈鹿等等,当然小型哺乳动物、鸟类等等也不会放过。有时它们还会仗着自己个头大,顺手抢其他肉食动物的战果,比如哪只在错误时间出现在错误地点的豹,甚至为此不惜杀死对方。另外,它们还会吃动物腐尸,特别喜欢抢鬣狗的食物。

狮子的猎食

狮子表面看起来是一种懒惰的动物,因为它们大部分时间都在打盹,只有在饥饿或是为了捍卫它们的领地时,才会从昏睡中醒来,变得凶猛异常。狮子通常选择一些开阔地休息,这种开阔的视野有利于观察周围的情况,对它们的狩猎是非常有用的。

传统上人们认为,雌狮之所以集群而居,是因为它们能够得益于互相的猎食模式(雌狮猎食的次数

比生活在狮群中的雄狮还要多）。然而，通过更为周密的观察发现，成群猎食的狮子在摄食上丝毫不比独居的雌狮优越。事实上，由于狮群内的同伴时常拒绝在猎食上进行合作，大的狮群往往最终在摄食上处于劣势。

一旦一只雌狮出发去追捕猎物，其同群伙伴就有可能参加也有可能不参加。若是猎物的个头较大，像在通常情况下那样，足以供整个狮群摄食，其同群伙伴便会面临一种窘境——虽然联合猎食也许更有可能获得成功，但加入猎食队伍的狮子还必须竭尽全力，并且要冒受伤的危险。然而，若是单独一只狮子仅凭自身力量就能猎食成功，其同群伙伴就可以得到一顿"免费的美餐"。因此，合作猎食的好处，就取决于加入猎食行动的第二只狮子能在多大程度上提高其同伴的成功几率，而这一点也取决于同伴的猎食能力。若是单独一只狮子仅凭自身力量肯定能够猎食成功，那么，合作的好处就决不会大于所付出的代价。然而，若是这单独一只雌狮子不能胜任，那么后来者的协助所带来的好处就很有可能超过所付出的代价。

对鸟类、昆虫和哺乳动物等多种动物的研究结果表明，当单独追猎的动物确实需要同伴帮助时，协作总是最尽心的。这一倾向的反面就是说，当追猎的动物仅凭自身的力量就极容易成功时，其同伴就极少合作。与这一观察结果一致的是，笔者的研究生戴维·谢尔发现，塞伦盖蒂国家公园的狮子在猎捕像野

第一章　狮子概述

牛或斑马一类难以制服的猎物时，经常是一起追猎的。然而，在制服容易对付的猎物如牛羚或疣猪时，则往往是由一只母狮单独猎捕，此时其同群伙伴则站在一旁观望。

全世界的情况并非全都一样。在纳米比亚的埃托沙盐沼，狮群专门在平坦开阔的地带追捕跑得最快的羚羊——南非小羚羊。单独一只狮子从来抓不到一只南非小羚羊，因此，埃托沙盐沼的狮子总是结伙追猎。纳米比亚环境与旅游部的菲利普·期坦德找出了埃托沙的狮子的追猎战术与橄榄球队的抢球策略的相似之处。在橄榄球运动中，边锋和中锋同时跑动着把球（即猎物）围住。这种高度发展的协作模式与塞伦盖蒂的狮子的混乱无序的追猎模式形成了一个鲜明的对比。

狮子的哺育

所有的雌狮，无论生活在塞伦盖蒂或其他地方，在开始养育后代时，都是非常合作的。雌狮生产都是在暗中秘密进行的，并且把一窝幼狮至少在1个月内一直藏在一处干涸的河床或露出的岩石上。在此

期间，幼狮还不能走动，并且最容易受到食肉动物的伤害。然而，一旦幼狮能够走动，母狮就会把它们带出来公开露面，并和狮群的其他成员聚合到一起。若是其他雌狮中也有生育了幼狮的，它们就会形成一个幼狮养育群，并在下一次生育之前的一年半时间里保持近于持久性的联盟。若是杀死猎物的现场离其巢穴不远，母狮就会把幼狮带到现场摄食；若是杀死猎物的现场离其巢穴较远，则幼狮以乳汁形式来获得营养。母狮从遥远的现场归来，会因劳累而倒下，并任由幼狮在自己睡眠时吸取乳汁。通过研究的十多个幼狮养育群，实际上在所有情况下，每只幼狮都可以从狮群的每只母狮那里吸取乳汁。集群养育是狮子互助之谜的一个主要部分。

然而，正如狮子的大多数互相协作形式一样，这一行为并不像其表面显现的那样崇高。狮群的成员都可以摄食同一只猎物，并且可以返回到同一狮群的幼仔那里去。狮群的一些成员乃是姐妹，其余的一些则是母女，还有一些则是堂表兄弟姐妹。有些母狮仅生育了一只幼狮，有些母狮则生育了一窝四只幼狮。大

第一章 狮子概述

多数母狮生育了二三只幼狮。通过抽取了近半打母狮的乳汁并十分惊奇地发现,每只乳头的产奶量取决于母狮的进食量,而不取决于所哺育的一窝幼狮的实际规模。

由于一个狮群中总有几只母狮所要哺育的幼狮较多,而所有母狮的产奶量大致相同,所产幼狮较少的母狮就可以在哺育上较为慷慨。事实上,仅产下一只幼狮的母狮确实用了较大比例的乳汁来哺育并非自己所产的幼狮。当养育群的小伙伴是近亲时,这些母狮最为慷慨。因此,乳汁分配主要取决于乳汁过剩的模式和亲属关系。这些因素也要影响整个物种中的雌性动物的行为:集群育幼常见于某些哺乳动物(包括啮齿类动物、猪和食肉动物),这些哺乳动物所育一窝幼仔的数量一般有多有少,并以小规模的亲属群体同居一巢。

尽管母狮确实也要哺育其他母狮的后代,但它们也努力用大部分乳汁来喂养自己的幼狮,并且不让其他那些饥饿的幼狮靠近自己。然而,母狮也需要睡觉。当它们一连几个小时昏睡时,就会给那些幼狮带来巨大的诱惑。试图摄取非亲生

母狮乳汁的幼狮通常都要等到这只母狮睡着了以后或被其他事情分散了注意力时。因此，这些母狮就必须分出精力来抵制这些"小动物"的光顾并克服自己的过度疲劳。

因此，母狮在哺育幼狮上表现出来的慷慨大方主要是出于无可奈何。那些损失最少的母狮总是睡得最香的，这或者是因为自己一窝所生的幼仔减少，或者是由于有近亲作伴。母斑鬣狗将自己的幼仔安置于保护良好的巢穴内，从而解决了这一矛盾。母斑鬣狗隔一会儿就要回到其幼仔身边，给一窝幼仔喂奶，然后便在其他某个寂静的地方睡觉。通过对巢穴中的斑鬣狗的观察，我们发现，母斑鬣狗像母狮一样，也存在着其他母斑鬣狗的幼仔试图来摄乳的情况，但母斑鬣狗更为机警，因而防止了其他非亲生幼仔的摄乳。

狮群的首领

狮群的首领是母的。狮群是母系社会，里面的所有雌性个体都有亲缘关系，不是姐妹、就是姨或母亲。公狮子和母狮子都有保卫家域的责任，但是它们都只是防范同性

第一章 狮子概述

个体进入自己的家域。也就是母狮子不愿意其他的母狮子进入自己的家域，而公狮子又不愿意其他的公狮子进入自己的领地。可母狮子不反对公狮子进入，公狮子不反对母狮子进入。

研究证明，如果狮群中母狮子少于三只的话，它们就难以有效地占据自己的家域，母狮子在保卫家园方面很重要。如果它不把它的家园保护好，它就没有什么猎物可吃了。公狮子是外来过客，它可以走，所以保卫家园的时候实际上母狮子的作用是比公狮子要大一些的。

因为家域是狮群中的母狮子占有，所以别的母狮子进来的时候，它当然不允许。而公狮子，它要寻找更多的配偶，所以母狮子进来的时候它是欢迎的，而不是驱逐的。

狮群中的公狮子始终是受到其他公狮子挑战的，它不会平平安安地在这个狮群里生活。平均每三年，狮群内的公狮子就要被替代一次。公狮子6岁的时候，体型达到最大，这个时候它最容易成功入主一个狮群。等到三年以后，公狮9岁时就衰老了，很容易被年轻力壮的狮子赶出狮群。

狮群中的母狮

狮群中的母狮基本是稳定的,它们一般自出生起直到死亡都待在同一个狮群里。当然狮群也会接纳新来的母狮,但公狮常常是轮换的,它们在一个狮群通常只待两年(当然也有长达六年的记录),就会被年轻力壮且更有魅力的雄狮赶走。还有,刚成年的雄狮也会被狮群赶走,这么一来,草原上就会多了一堆无家可归的雄狮。

狮群中的狩猎工作基本由雌性成员完成。它们不论白天黑夜都可能出击,不过夜间的成功率要高一些,尤其是月黑风高的夜晚。风对狮捕食来说一般没多少影响,不过要是遇到大风天,它们可能就会占了便宜而成功捕食野牛等大型动物,因为风吹草动制造的噪音会掩盖住这些雌性猎手靠近的声音。这些猎手们总是协同合作,尤其是猎物个头比较大的时候。这些雌狮们总是从四周悄然包围猎物,并逐步缩

第一章 狮子概述

小包围圈,其中有些负责驱赶猎物,其他则等着伏击。尽管这招看着厉害,但实际上它们的成功率只有20%左右,单只狩猎的成功率达到15%,如果根据食物密度来算,成功率远低于虎。如果狩猎地比较容易藏身,它们才容易获得成功。如果一旦吃饱了,它们能五六天都不用捕食。

狮群中的母狮可能会在任何时候进入婚配状态,而且母狮们这点上总有同步性,这种奇特有趣的现象科学家们还没能透彻了解其背后的机制。不过这保证了狮群中的孩子们年龄基本相当,每个妈妈都能给不同的孩子哺乳,当有些妈妈出去捕猎,剩下的妈妈就会义不容辞地担当所有孩子的保姆。而且没生育的母狮也会负起照看狮群孩子的责任,为它们舔毛,并陪它们一起玩耍。

母狮的妊娠期一般有100至119天,每次可能有1至6个宝宝(通常是2至4个)。宝宝刚出生的时候身上带有赭石色的斑点,特别是腹部和腿上。宝宝们在四周大的时候开始尝试吃肉,通常是妈妈回吐给它们半消化的肉食。长到6、7个月的时候,它们就基本断奶了,这时候身上的斑点也慢慢消失。不过有个别狮子直到成年都一直带有这种斑点,虽然很不清晰。

狮子的生命威胁

狮子在一般人的心目中是非常勇猛的。但事实上，它们也有敌人。母狮精心呵护幼狮，但出去狩猎时，往往忘了照顾幼狮，幼狮常会被鬣狗捕杀。在非洲大陆上，最强大的动物是象，非洲犀牛也很厉害。据说，一只犀牛打得过3至4只狮子。所以，狮子也会因猎物反攻而受伤致死。此外，狮子遭人类捕杀的数量也远远超过老虎。很多地区对狮子采取了保护措施，非洲的狮子才得以保全。

狮最大的"天"敌当然还是武装到牙齿的现代人类。而且他们的猎杀绝大多数和生存毫无关系，只是为了满足不正常的杀戮欲。正是在利益的驱使下，非洲的两个亚种莫名灭绝，亚洲狮则几近灭亡。如今这种非正常行为终于少了很多。不过非洲狮如今还要面临栖息

第一章 狮子概述

地丧失和疾病的困扰。爆发在草原上的传染病能在很短时间内夺去数万头动物的性命，例如肺结核和猫爱滋。

亚洲狮也面临栖息地的问题。300多头亚洲狮一起挤在1400多平方千米的保护区，确实压力很大。

据说人们有计划将一部分亚洲狮迁移到其他保护区，为的是一旦出现疾病爆发或其他灾难，还能有其他狮群幸存。如果这个计划成功，那么这将是有史以来第一次最强大的两种猫科动物相遇。

第二章 狮子的类别与分布

>>>

驰骋在非洲草原上的狮子，吼声雄壮，身姿威武，行动敏捷，有"兽中之王"的美誉，也是非洲一些部落崇拜的图腾。

狮子长约180～300厘米，肩高110～130厘米，尾长110厘米，重约120～250千克，体型仅次于虎。狮子是猫科中的另类：它是唯一群居的猫类，也是唯一雌雄两态的猫类，其他猫类的公母要看关键部位才看得懂。在狮类种群繁盛的地区，其他猫类总是相对处于劣势。狮子的主要种类是非洲狮、亚洲狮和美洲狮。

开普狮和巴巴里狮是灭绝的两个亚种，其中前者灭绝于19世纪，没有留下任何可靠的记录，现存世的开普狮标本肩高1.2米、全长（含尾）达到3.34米。巴巴里狮的最后阵地是摩洛哥的阿特拉斯山脉。1922年，最后一只巴巴里狮是被人类的猎枪击倒的，有关科学家认为其和东非狮大小近似。巴巴里狮虽灭绝于上世纪前期，但动物园里还有一部分笼养的巴巴里狮，其中最大的一只肩高达1.33米、全长（含尾）3.34米、体重435.88千克，是迄今为止有确切记载的最大狮子。而位于印度的亚洲狮体型比非洲狮要小，亚洲狮雄性身躯略小，体长1.1～1.7米，体重一般在100～160千克左右。狮的亚种较多，人类学界也对狮的亚种做出了不同分类。本章着重讲述狮子的种类和分布。

第二章 狮子的类别与分布

狮子的主要种类介绍

非洲狮

提起非洲猫科动物，人们一定会想到非洲狮子。非洲狮是非洲最强大的猫科动物，在非洲狮领域内，其他猫科动物都处于劣势，非洲狮以其尊贵的草原之王的美誉著称。非洲狮的数量在减少，但是它们目前并未被列为濒危或受威胁物种（亚洲狮濒危）。

非洲狮广泛分布于非洲撒哈拉沙漠以南的草原上。非洲狮被人们誉为"兽中之王"，这不是因为它的凶猛和巨大，而是因为它那洪亮的吼声和威武的雄姿。它们黄褐色的皮毛同天然背景浑然一体。因此，即使在白天如果不仔细辨认也很难发现它。狮子的牙齿最适合咬噬，上下颌各有一对裂齿，咬起食物来就如同剪刀的两片利锋。雄狮尾巴的末端有丛毛，隐藏着一片似指甲的东西，大概是用来赶苍蝇用的。

非洲狮颜色多样，但以浅黄棕色为多，雄性狮站立时肩部高达1.2米，体长1.5～2.4米，尾长平均0.9米，体重可达330至550磅。

在所有的猫科动物中，狮子的群体意识最强，它们能够和睦相处。头领雄狮的主要职责是保卫领地，其他的雄狮负责保护雌狮。和所有的猫科动物一样，雌狮比雄狮体型小。

（1）非洲狮的群体核心

狮子群体的核心是四五只雌狮，它们从小在一起生活、成长，有着密切的血缘关系。母狮允许其他母狮新生的幼狮吃自己的奶，这在哺乳动物中几乎是很少见的。其他哺乳动物的母兽绝不会容忍非亲生的幼兽。

母狮全年都能够生育，幼狮从出生起直到6个月后才断奶。幼狮两岁左右，母狮又产下一只小狮，那时，两岁的幼狮便可以自己猎食了。按照这样的增长速度，一个狮群总能保持一定的数量及年龄上的差距。在狮子群中，几乎所有的家务事都由雌狮干，狩猎、寻觅食物都是雌狮的任务。

（2）非洲狮的捕食

狮子在逆风追捕猎物时，十有八九总能

第二章 狮子的类别与分布

狮子必须悄悄地走近猎物,只有在30多米的范围内发起突然袭击,狮子才有可能捕获成功。等待良机需要花费很多时间,母狮必须具有极大的耐性。狮子的主要狩猎对象包括较大的羚羊、角马和斑马。当干旱季节来临时,这些动物就迁移到雨水充足,青草繁茂的地方去了。在洪水泛滥的季节,留下来的狮群会经受很大的压力。幼狮首先成为饥饿的牺牲品,接着便轮到母狮,它们难以与身强力壮的雄狮抗争。

成功,同大多数猫科动物一样,狮子的视觉比嗅觉更为重要。当几只狮子共同追捕猎物时,它们常常围成一个扇形,把捕猎对象围在中间,切断猎物的逃跑路线。

水塘是伏击的好地方。尽管狮子的奔跑速度高达每小时60千米,但是它们的猎物往往比它们跑得还要快。为了避免过早地被猎物发现,

北非狮

　　北非狮又叫巴巴里狮，被称为"狮中之王"。身体全长3米左右，体重约250千克，体长140～192厘米，是世界上体形最大的狮子。北非狮具有和其他狮子显著不同的特征。它们的头骨要比其他狮子亚种粗壮厚实，眶后间距特别的狭窄。有趣的是北非狮的头骨与亚洲狮特别相似，似乎暗示这两个亚种具有较近的亲缘关系。此外，北非狮的毛色要较其他亚种暗，鬣毛长而浓烈。

　　北非狮、西非狮区别于其他猫科动物的是雄狮有明显的鬣毛，为的是相互打斗时起保护颈部的作用，尾端的角质刺也是显著特征。狮子的还是猫科动物中唯一能真正发出吼叫的动物，吼声可传到八九千米以外。狮子的视力极佳，在很远以外就能发现猎物，集体捕食，速度快且效率高。主要捕食有蹄类，如牛羚、大羚羊、斑马，有时也捕食大象、犀牛。吃饱后要喝大量的水，然后回到隐蔽处消磨时光。

第二章 狮子的类别与分布

亚洲狮

亚洲狮又称印度狮，仅产印度西部，是唯一生活在非洲以外的一种狮子。亚洲狮是现今只存活在印度的狮子亚种，它们曾一度分布在地中海至印度，占据了大部分的西南亚，故其名为"波斯亚种"。亚洲狮现今在野外的数量只有250至350只，都只生活在印度古吉拉特邦的吉尔森林国家公园。历史上它们的分布地囊括了从高加索至也门及由希腊的马其顿经伊朗、阿富汗及巴基斯坦至印度及孟加拉边境的大片区域。

（1）亚洲狮的外形特征

亚洲狮与非洲狮相比，亚洲狮身躯略小，体长1.2～1.7米，雄性1.7～2.1米，体重100～200千克。亚洲狮的雄狮不但脖子长有长长的鬃毛，在它的前肢肘部也有少量长毛，而它的尾端球状毛也较大，被毛较厚、体毛丰满。幼狮有斑点，毛色以棕黄为主。

亚洲狮的毛皮较其非洲近亲蓬松，尾巴端的穗及肘上的毛发较长。雄狮及雌狮的腹部都有明显折叠的皮肤。亚洲狮是所有狮子亚种中最细小的，雄狮重160～190千克，雌狮重110～120千克。科学纪录上最长的雄狮长292厘米，肩高最高达107厘米，最大被猎杀的雄狮则长3米。

（2）亚洲狮的生活习性

亚洲狮是高度群居的动物。亚洲狮群较非洲狮群细小，平均只有两只雌狮。雄性亚洲狮较少群居，只会在交配或猎食大型动物时，才会与狮群联系。亚洲狮的猎物主要是水鹿、花鹿、蓝牛羚、印度瞪羚、野猪及家畜。

亚州狮成群一起生活，也常集体捕食，但大多是母狮捕食，雄狮则坐享其成。它们由一头狮子将猎物赶到其他狮子的下风，然后一起扑向猎物。它们吃饱后需喝大量水，而亚州狮生活的区域属于热带季风气候，雨季时间很少，时常出现干旱，因此捕食后常需到很远的地方才能找到水源。这种恶劣环境不但使亚州狮饮水困难，就连它们的猎物也很少，幼仔成活率低也是饮水及食物不足所致。

（3）亚洲狮的生长繁殖

亚洲狮雌性2岁半即可性成熟，而雄性亚洲狮需4年，亚洲狮开始交配时间在10月和11月。母狮每胎产2至3只幼狮，但幼狮死亡率较高，一般只成活1仔。幼狮3个月后便可同母亲一起参加狩猎活动，需同母亲一起生活两年。母狮的妊娠期一般有100

第二章　狮子的类别与分布

至119天，幼狮长到6、7个月的时候，就基本断奶了，不过70%～80%的小狮子都活不过两岁。圈养下的狮寿命超过30年。

（4）亚洲狮的保育状况

印度的吉尔森林国家公园约有359只亚洲狮，生活在1412平方千米的丛林及辽阔的落叶林。于1907年获得全面保护时，它们估计就只有13只存活。到了1936年，第一次替吉尔森林国家公园内的亚洲狮进行统计，它们就有234只存活。

孟加拉虎曾与亚洲狮一同生活在印度西部及中部至150至200年前，但现已在印度灭绝。亚洲猎豹喜欢栖息在辽阔的草原，而亚洲狮则喜欢栖息在辽阔的森林。由于人类人口的暴涨，使得它们的栖息地不断减少，且成为当地及英国殖民者的猎杀对象。

（5）亚洲狮的威胁

亚洲狮由于会袭击家畜，故经常被毒杀。农民为了灌溉需要而挖掘的水井，也会令亚洲狮失足而溺毙。位于吉尔森林国家公园周边的农民经常使用非法电网，避免蓝牛羚来吃农作物，但也会杀死亚洲狮。

在吉尔森林国家公园附近的玛尔德哈里牧民虽然是素食者，不会猎杀亚洲狮作为食物。不过他们平均每家饲有50只牛，令当地过份放牧。这种破坏令亚洲狮的猎物失去栖息地，它们于是转向攻击牛群或人类。这些牧民现已迁离吉尔森林国家公园。其他的威胁包括洪水、火灾及传染病，它们有限的栖息地令它们更易受到威胁。

（6）亚洲狮的生存现状

狮子在印度被视为"圣物"，即使狮子也曾在食物短缺时捕食家畜，但印度人并没有对它们进行捕杀，因此亚洲狮虽生存环境恶劣，但在没有人类干扰的情况下一直很好地生活着。

自1757年印度沦为英国殖民

第二章 狮子的类别与分布

地后，亚洲狮开始遭到了厄运。英国殖民者将猎杀亚洲狮视为一种娱乐。到了1900年，在人类100多年的捕杀之下，亚洲狮已经十分稀少。此时一些动物保护者开始宣布要保护亚洲狮，但仍有人偷偷进行捕杀。到1908年，亚洲狮只剩下最后13只，为了不让它们彻底走向灭绝，人们把它们全部捕捉进行人工饲养，从此亚洲狮在野外消失了，并被宣布野外灭绝。人们为了能让亚洲狮更好的生存和繁殖又把它们放到了印度西部的吉尔森林中并建立了保护区。截止至2008年底，亚洲狮虽繁殖有350多只，但由于全部是13只祖先的后代，已经形成了种族退化，极容易受疾病和基因的影响而导致全部灭绝。

由于吉尔森林这最后的庇护所地域狭窄，生态密度过高，一些狮子正逐渐迁出保护区。而狮子的迁徙又常常引起与周边社区的冲突。因为狮子饿了要吃东西，而野生食草动物因畜牧业的发展而极度减少，狮子只好以家畜充饥。看来，如何拯救这种尚未脱险的巨兽，还有赖于人类克制不断高涨的物欲，做出"普渡众生"的理智选择。

科普百花园

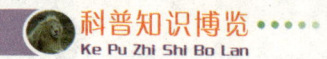

西非狮的灭绝

狮子曾经广布于除了撒哈拉沙漠中部和热带雨林以外的非洲大陆，在印度也有少量分布。但由于人类的过度捕杀，狮子在东非及西非早已不见踪迹。现在只在南非有少量分布，并且大多生活在国家公园内，仍处在濒临灭绝的危险之中。特别是西非狮，在人类的干预下，没能进入20世纪就灭绝了。

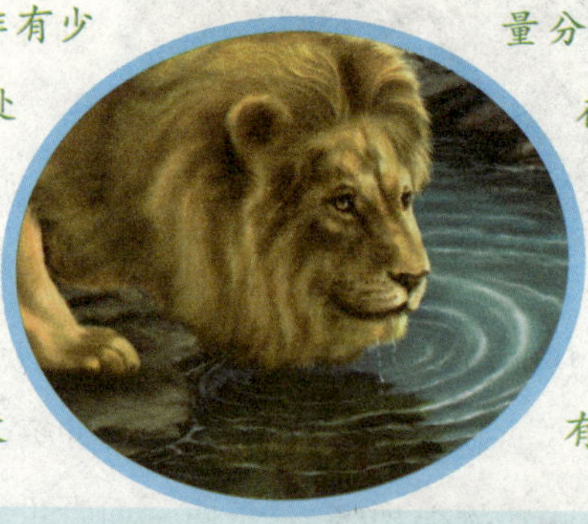

狮子在动物界中一直被视为百兽之王，可是人类并没有把它们放在眼里。

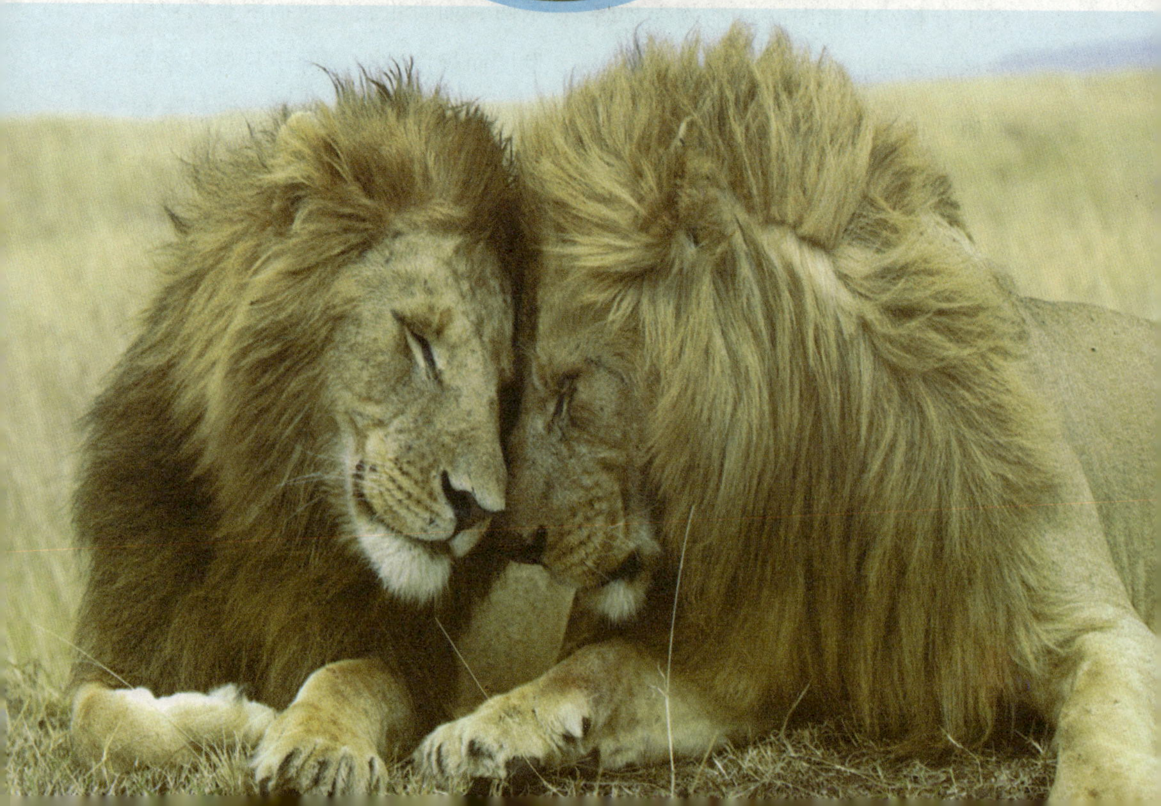

第二章　狮子的类别与分布

早在16世纪，欧洲人就踏上了西非和北非。来到这里后，他们经常进行狩猎活动，并把猎杀狮子视为最隆重的狩猎活动，是显示勇敢和技巧的行为。狮子在这些人的贪婪与胜利的欢笑声中一个个的倒下去。人类不但猎杀成年的狮子，幼狮也被捕捉，然后带回欧洲，卖给那些有钱人及王公贵族。随着欧洲人的不断猎杀、捕捉，狮子在西非、北非一天天地减少。到了1865年，最后一个西非狮也倒在了枪口之下，北非狮也在1922年永远消失了。

其实，狮子比其他任何动物更受人类的青睐。英国、苏格兰、挪威、丹麦等国的国王在其王冠上都饰有狮子的图象。狮子也出现在苏黎士、卢森堡、威尔士和德国黑森省等国家和地区人们佩带的臂章上。但愿狮子不会仅仅成为永久性标志。

美洲狮

美洲狮又称美洲金猫，大小和花豹相仿，但外观上没有花纹且头骨较小。雄性体重可达90千克，在跳跃方面有着惊人的能力，能跳到7米以外，一跃可达十几米远。美洲狮产于南、北美洲，是猫属动物中体型最大的。美洲狮是一种凶猛的食肉猛兽，主要以野生动物兔、羊、鹿为食，在饥饿时也会盗食家畜家禽。如果美洲狮捕捉的猎物比较多，它们就会把剩余的食物藏在树上，等以后回来再吃。

（1）美洲狮的外形特征

提起美洲的大型猛兽，人们总会把美洲狮和美洲豹（即美洲虎）相提并论。其实，美洲狮不仅体形比狮小，长相也与狮不同。它的身体细而强壮，栖息于不同地区的体形大小有差异。生活在热带的稍小，一般体长为100～160厘米，肩高66～76厘米，尾长52～82厘米，体重55～105千克，雌性略小。

美洲狮是除狮子以外唯一单色的大型猫科动物，体色从灰色到红棕色都有。热带地区的更倾向于红色，北方地区

第二章 狮子的类别与分布

的多为灰色。腹部和口鼻部白色，眼内侧和鼻梁骨两侧有明显的泪槽。其头圆、吻宽、眼大、耳短，耳朵背后有与狮相似的黑色斑。雄兽和雌兽的颈部不生鬣毛。四肢细长，尾端的也有像狮一样的丛毛，但不如狮的丛毛明显。体毛较短，身上没有斑纹，背部及四肢外侧为棕灰、银灰及浅紫色，腹部和四肢内侧为灰白色。

美洲狮有又粗又长的四肢和粗长的尾巴，后腿比前腿长，这使它们能轻松的跳跃并掌握平衡，它们能越过14米宽的山涧。美洲狮有宽大而强有力地爪，有利于攀岩，爬树和捕猎。

（2）美洲狮的生活分布

美洲狮是美洲大陆所产的哺乳动物中分布范围最为广泛的一种，北从北美洲的加拿大育空河流域，南至南美洲的阿根廷和智利南部，纵跨纬度110度。从海平面起到海拔4200米的高原均有美洲狮的足迹，它生活于森林、丛林、丘陵、草原、半沙漠和高山等多种生境，可以适应多种气候。美洲狮是一种喜欢在隐蔽、安宁的环境中生活的动物。在南美洲它们却避开美洲虎分布较为集中的亚马逊热带雨林。

（3）美洲狮的生活习性

美洲狮是美洲仅次于美洲虎的最大的猫科动物。每一只雌性美洲狮的领地大约有50～60平方千米，

科普知识博览
Ke Pu Zhi Shi Bo Lan

它们经常在岩石上蹭来蹭去是给自己的领地作标记的一种方法。它们还会在路上留下一些气味来告诉其他同类它们曾从这里路过，让雄性狮可以寻迹找到它们。雄性美洲狮体型比雌性大，脸上通常长着黑毛。美洲狮通常在深夜和凌晨捕食和进食，它们最喜欢吃的是野兔。

美洲狮是孤独的，通常是母子结群，它们共同守护领地，用尿液标出边界。雄性的领地大于雌性，并且在一头雄性的领地内有多只雌性。美洲狮的叫声非常响亮，但不能吼叫，只能发出刺耳而尖锐的高鸣。在繁殖季节，雌性美洲狮有8天的发情期，有多

第二章 狮子的类别与分布

只雄性会在这段时间内发起争斗。

美洲狮白天夜里都很活跃,常利用树木和岩石作为隐蔽,然后伏击猎物。美洲狮通常隐秘并静悄悄的逼近猎物,等到猎物刚明白过来时,已经遭到了这些200磅的大家伙的致命一击。相当多的人在树林里遭到美洲狮的袭击。

美洲狮捕捉所有能看到的猎物,69%是各种鹿类:白尾鹿、黑尾鹿、马鹿、马驼鹿等,也捕捉其他动物:松鼠、兔子、水獭、犰狳、西貒、火鸡、鱼、昆虫、豪猪、臭鼬甚至蚱蜢、蝙蝠、蛙、树懒、獏、野鸭等。也捕食家畜,甚至袭击人类。

美洲狮常相居在山谷丛林中,尤其喜欢在树上活动,它跳跃能力很强,轻轻一跃能达8、9多米远。

它主要捕食鹿类和其他小型兽类,家畜也是攻击的对象。美洲狮有温顺的性格,在一般情况下,它并不主动袭击人,只是当人攻击它时,为了自卫,才会伤杀袭击者。

(4)美洲狮的生长繁殖

美洲狮的繁殖季节不固定,雌兽的怀孕期大约为90天。通常在春末夏初时,雌兽便在山洞里或在某一隐蔽的地方生下幼仔,每胎产1至6只,每隔一小时出生一只。幼仔出生后,雌兽会把它们舔得很干净,然后单独抚养自己的后代。初生的幼仔闭着眼睛,身体呈浅黄褐色,明显地点缀着浅黑色的斑点,尾上有黑色环纹。大约需要两星期,幼狮的眼睛才能睁开。在这期间,幼狮除了起来吃奶外，只是长时间地睡觉。随着它们的长大，身上的斑点将逐渐消褪。头两年幼狮完全依靠雌兽过日子，从妈妈那里得到它们所需要的食物、温暖和安全。尽管生来就有一点捕食本领，但雌兽除了必须教幼狮捕捉各种猎物外，还要教幼狮习惯过孤单和隐蔽的生活。1岁龄的时候，幼狮的一双眼睛就变得非常明亮，成为十分顽皮的小动物，体长达到1.2米左右，体重将近20千克。日益长大的幼仔开始不断地从洞内向新奇的洞外世界张望，并且勉强向洞外走出了第一步。但为了防止草原狼等食肉兽类的潜在危险，雌兽总是警惕地保护着它们，以免受到包括雄性美洲狮在内的任何威胁。因为雄性美洲狮袭击和咬死幼仔是很平常的事，甚至有时对它们自己的后代也不例外。

为了生存，幼仔必须逐渐地学会许多东西。教养它们的主要责任由雌兽来承担，而幼仔也会根据它们的力气、智力和机敏程度分成明显的等级，

第二章 狮子的类别与分布

耐心地把幼仔们聚集起来，带它们到存放猎物的地方去。不过，在大多数时候，雌兽去捕猎时只会带一只幼仔出去，而把其余的留在窝里。因为雌兽如果要带着所有的幼仔去接近猎物是非常困难的，幼仔们的吵闹声对正在寻找猎物的雌兽极为不利，更重要的是雌兽只有每次带着一只幼仔才能更好地训练它进行捕猎。幼仔2至3岁性成熟，美洲狮的寿命为15至20年。

（5）美洲狮的天敌

美洲狮的天敌主要是美洲的黑熊、棕熊和灰狼。美洲狮偶尔会和美洲虎相遇，但相比较棕熊和灰狼而言，与美洲虎相遇的几率更小。狼群和棕熊向来是美洲狮的宿敌，护崽的雌性美洲狮不惜一切代价地与棕熊拼命，而在美洲狮和群狼的冲突中，美洲狮经常成为狼群的手下败将，饥饿的狼群有时会将美洲狮作为果腹的食物。美洲狮最大的天敌，无疑是人类。在上个世纪，

领头的总是最强壮和最机灵的个体。雌狮用挥动的尾巴来教幼狮利用自己的特长，提高对事物的反应能力。为了管教和训练幼仔，雌狮表示愤怒的时候，大多轻轻地拍打，但决不会伤着幼狮。虽然幼狮头几个月的活动可以看成是玩耍，但这种玩耍都有一定的目的，特别是捕猎的游戏，将来就是要依靠从这种玩耍中所学到的本领来谋生。当幼仔长到3个月的时候，雌兽便带它们外出，它非常

每年至少有上万只美洲狮死于人类黑洞洞的枪口下，随着动物保护法的颁布，美国对美洲狮的猎杀行动有所减缓。

（6）美洲狮的种群现状

美洲狮在白人踏上美洲大陆之前的生活要悠哉许多，要知道，它

们在这块大陆上已生活了50万年。那些来新大陆寻找新生活的人类为了便于在这块大陆上持续扩张，曾经将它们作为害兽频繁捕杀，这种行径最终让某些亚种濒临灭绝。例如曾活跃于美国东南部的美洲狮亚种如今被赶到了佛罗里达地区，它们的数量如今已减少到50头左右。如果不加干涉，它们将在30年内从地球彻底消失。人们虽然已经采取了一些措施，但现代人类生活带给野生动物的巨大冲击或许并不是这些脆弱的措施所能改变的。

美洲狮有多达29个亚种，基于它们的分布地区不同和体形的差异。有一个亚种的美洲狮已经严重濒危。"佛罗里达亚种"也叫佛罗里达豹，因为它们有一身暗色的非常

第二章 狮子的类别与分布

稀有的皮毛。圈养数量只有75头，野生的大约500头，而且非常不稳定。它们最大的威胁来自于水源的污染，公路上飞驰的汽车和遗传基因缺乏多样性。此外东部美洲狮和哥斯达黎加美洲狮也处于濒危边缘。

历史上，由于美洲狮的行动诡秘，使人们对这些大型猫科动物一直怀有深深的恐惧、敬畏和难以满足的好奇心，送给它山狮、红虎、银狮、紫豹，甚至印地安魔鬼、猫王等数不清的别名。但如今，它却陷入了四面楚歌的境地，人们用枪、毒药、陷阱以及各种现代手段捕猎它、杀戮它，只是为了获得它的毛皮。幸存下来的美洲狮则已经退缩到高原山区地带，顽强地生活着，继续发挥着维持生态平衡的作用。尽管它的爪子不适合在雪地活动，但它必须继续寻找到不受搅扰、人迹罕至的安全地带，才是生存的唯一希望。

白 狮

　　白狮是非洲狮的变种，产于非洲。白狮上世纪首次在南非被人发现，目前世界的数量在100只以内。中国国内的白狮有些只是白狮与普通狮子交配生下的后代，体毛不是纯白，而是带有杂黄。

　　白狮并非患有白化病的动物，它们的眼睛一般是浅蓝色的。有科学家研究表明，白狮可能是一种远古的品种，生活在北极等较为寒冷、被冰雪覆盖的野生环境中。白色是当时生活环境较为有利的保护色，后经生物演化，这一物种逐渐消失。但白色毛色的基因仍存在于现今少数黄色非洲狮的体内，所以最初在南非发现的白狮幼儿的父母都是普通黄色毛色的非洲狮，后经人为饲养繁育，形成了现今的白狮家族。但南非野外，仍不时有

第二章　狮子的类别与分布

黄狮生下白狮幼儿的报告。可见白狮是非洲狮基因遗传变异的结果，但变异原因尚不明。由于它们的毛色在野外环境中较为显眼，隐蔽性差，致使捕食成功率低，生存较为艰难。至今为止虽然也有关于黑狮的报道，但没有任何证据。

白狮与常见非洲狮的异同：

同：因为是非洲狮的基因变异后代，所以生活习惯基本相同；个体大小、发育程度一致；雄狮成年后会长出长鬃毛，而雌狮没有；叫声无明显差别。

异：首先是毛色差别，白狮毛色为白色无其他杂色，非洲狮毛色多为棕黄色、土黄色，成年雄狮的鬃毛夹杂有黑色。其次是眸色差别，白狮眸色多为浅蓝色，非洲狮眸色多为黄色。最后是鼻子颜色，白狮的鼻头是浅粉色的，非洲狮鼻头是深肉色。

狮子的亚种简介

狮的亚种较多,人类学界也对狮的亚种做出了不同分类。开普狮和巴巴里狮是灭绝的两个亚种,其中前者灭绝于19世纪,没有留下任何可靠的记录,现存世的开普狮标本肩高1.2米、全长(含尾)达到3.34米。巴巴里狮灭绝于上世纪前期,但动物园里还有一部分笼养的巴巴里狮,其中最大的一只肩高达1.33米、全长(含尾)3.34米、体重435.88千克,是迄今为止有确切记载的最大狮子。其中,津巴布韦保护区雄狮最大值242千克,最小172千克,平均202千克。雌狮平均139.8千克,最大165千克,最小110千克。卡拉哈里雄狮平均188.4千克,最大214千克,最小164千克,雌狮平均139.8千克,最大153千克,最小127千克。克鲁格公园雄狮平均187.5千克,最大225千克,最小150千克,雌狮平均124.2千克,最大153千克,最小83千克。东非雄狮平均174.9千克,最大204.7千克,最小145.4千克。雌狮平均119.5千克,最大167千克,最小90千克。下面简要介绍狮子的几类亚种。

好望角狮

好望角狮已灭绝,据说是狮类

第二章 狮子的类别与分布

中最大的亚种。从前分布于南非开普省，开普省当地记录最后一只野生狮子是在 1858 年被捕杀，但有人指出最后一只开普狮是在 1865 年被一名英国籍的将军所杀。目前全世界只有英国的伦敦自然历史博物馆、伊丽莎白斯图加特国家自然历史博物馆、德国威斯巴登博物馆分别有一头雄性开普狮和 2 只雌性开普狮标本。德国威斯巴登市的都市博物馆的那具开普狮标本是在 100 多年前收集到的，标本测量结果是体长 2.76 米，尾长 0.82 米，其头骨较圆滑且嘴短。

北刚果狮

北刚果狮这一亚种，许多资料介绍上就是刚果，也不知道是刚果（布）还是刚果（金），但后者已有两亚种分布。刚果（金）又曾有扎伊尔的称呼，所以这一亚种应该分

科普知识博览
Ke Pu Zhi Shi Bo Lan

生活在克鲁格国家公园，数量大约有1400只。克鲁格狮的主要威胁是牧民的捕杀，当地牧民认为走出公园后的狮子对人和牲畜有极大的威胁。

布在刚果河（扎伊尔河）北岸的刚果（布），这条大河分隔了两个亚种。

南刚果亚种

南刚果亚种也叫安哥拉狮，主要分布于津巴布韦共和国、安哥拉共和国、刚果（金）东南部的加丹加省和赞比亚共和国的加丹加高原，该亚种在纳米比亚是否也有分布目前仍不清楚。

克鲁格狮

克鲁格狮主要分布在南非德兰士瓦省，所以又叫德兰士瓦亚种，

在1998至2001年间，超过100只克鲁格狮越出公园边界，三分之一被人开枪射杀，当中多数是雌狮。另一威胁是疾病，1995年研究人员发现该公园南部90%的狮子患有肺结核，而且在向公园北部扩散。这种病在狮子身上主要发在消化系统。原因很简单，就是患肺结核的人把病菌传染给家牛，而家牛有传染至野牛，狮子捕杀了野牛后便得了该

第二章 狮子的类别与分布

病。得病后的狮子体力衰弱,一般在数年内死去。

马赛狮

目前有消息说塞伦盖蒂马赛狮数量已经从2000只上升到3500只。该亚种模式标本产地在马赛马拉国家公园,主要分布于乌干达、肯尼亚、坦桑尼亚。每年马赛狮都会跟随角马大迁徙往返于坦桑尼亚塞伦盖蒂国家公园和肯尼亚马赛马拉国家公园之间,不少动物学家都把它们作研究对象,也有学者把乌干达产的马赛狮作为独立亚种看待。

塞内加尔狮

塞内加尔狮目前大部分已经灭绝。前分布区在贝宁、加纳、塞内加尔、尼日利亚、苏丹西部、喀麦隆和尼尔。目前只在尼日利亚与哈麦隆的北部地区的多个野生动物保护区和国家公园内仍有狮群活动,学者习惯把它们列为"哈麦隆亚种"。

科普知识博览

是这个亚种。

喀拉哈里亚种

这个亚种几乎都分布在博茨瓦纳和纳米比亚境内的喀拉哈里大沙漠的边缘地带，如哈拉哈迪跨国公园。在这种恶劣环境下存活下来的狮子数量并不多。

努比亚狮

努比亚就是苏丹的古称，它们的体形稍小于非洲大陆南部的狮子，过去埃及与苏丹交接地区的古努比亚文化中所称的"尼罗河狮群"就

罗斯福亚种

这个亚种主要分布在埃塞俄比亚境内，数量在1000只以上。

索马里亚种

索马里亚种分布在索马里境内，而索马里应该也有少数马塞狮的分布。索马里狮据说是体形最小的亚种。

第二章 狮子的类别与分布

狮子的生活分布

狮子过去曾生活在欧洲东南部、中东、印度和非洲大陆。生活在非洲大陆南北两端的雄狮鬃毛更加发达，一直延伸到背部和腹部，它们的体型也最大，不过在人类用猎枪对它们的"特殊关怀"下，这两个亚种都相继灭绝了。位于印度的亚洲狮体型比非洲狮要小，鬃毛也比较短，它们也处在灭亡边缘。

生活在欧洲的狮子大约在公元1世纪前后因人类活动而灭绝。生活在亚洲，尤其是印度的狮子差点在20世纪初被征服印度的英国殖民者宛如抽风般猎杀殆尽，幸好一向将狮子奉为圣兽的印度人最后保住了它们，将它们安置在印度西北古吉拉特邦境内的吉尔国家森林公园内。那里的狮如今已繁衍了大约300至400头左右。生活在西亚的亚洲狮因偷猎而灭绝后，吉尔国家森林已成了亚洲

狮最后的栖息地。

　　现在除了印度的吉尔以外亚洲其他地方的狮子均已经消失,北非也不再有野生的狮子。生活在非洲的狮子如今基本分散在撒哈拉沙漠以南至南非以北的大陆上,在这里的广阔草原、开阔林地、半沙漠地区生活,并在肯尼亚海拔5000米的高山中也有发现,因此现在狮子基本可以算是非洲的特产。

第三章　畅谈狮子和老虎的结晶

>>>

老虎是隐藏在亚洲丛林中的独行侠，狮子则在非洲草原上过着群居生活。很多年来，同属猫科的两种猛兽各自统驭着自己的王国，井水不犯河水。在自然界中，它们很难相遇。老虎出现在这个世界上，远远早于人类，几百万年来老虎不断地进化，逐渐适应在亚洲大陆各种地方生活。从低地沼泽到高山丛林，从极度炎热的低纬度到极为寒冷的高纬度地区。20世纪以前，老虎曾经遍布整个亚洲，然而在过去的100年里，它们的家园遭到人类的入侵，95%的野生老虎都已经消亡。

　　就在老虎出现在地球上的同一时期，在另一片陆地上，狮子也完成了新一轮的进化。为了生存，它们需要掌握新的捕猎技巧以应付新的挑战。狮子们非常适合于在开阔的平原上生活，面对比自己身材更高大的对手，它们发明了集体协同作战的办法。

　　自然界中老虎与狮子各有天性，虽同属猫科动物，但相互间并不亲近，在自然环境中狮和虎的栖息地也很少重叠。但在人工饲养的环境下，虎、狮交配受孕可产生结晶:狮虎兽和虎狮兽。雄虎和雌狮交配后生出的叫"虎狮兽"，而雄狮和母虎交配后生出的则叫"狮虎兽"。据了解，狮、虎之间受孕的成功率仅1%~2%，成活率仅1/500000。本章着重介绍一下这两种大型猫科动物的结晶:狮虎兽和虎狮兽。

第三章 畅谈狮子和老虎的结晶

狮虎兽

狮虎兽,基本上从名字我们就可以判断出这是一类具有杂交性的物种。事实上也正是如此,为了探寻生物学的奥秘,在人类影响或主使之下,雄性狮子和雌性老虎恋爱并交配,结果狮虎兽就此诞生了。狮虎兽又称为"彪",是雄狮与雌虎杂交后的产物,因此与狮子和老虎一样,同是豹属的一员,其样貌与狮子相似,但身上长有虎纹。它们和老虎一样,喜欢游泳。这个体型比狮子和老虎都要大的家伙,又同时具备两者之间的外貌特征,很是威严。

狮虎兽简介

虎、狮本是水火不相容的两个物种群,狮子是群居动物,老少三代可同在一起生活。老虎是独居的,一般是分笼喂食,否则会因争抢食物而相互撕咬。它们可能会在一起玩耍,但相恋、怀孕的概率极低。狮虎兽主要是人类影响或主使之下的产物,是雄性狮子和雌性老虎交配产生的后代。狮虎兽的体型比狮或虎都要大,又同时具备两者之间的外貌特征。

科普知识博览

狮子与老虎相恋、怀孕的概率极低,即使在人工饲养的环境下,虎、狮受孕的机会也仅为1%~2%。幼兽由于先天不足等原因,成活率仅为五十万分之一左右。据资料显示,目前世界上存活的狮虎兽只有20只左右。

狮虎兽的特征

狮子和老虎交配产生的后代身躯庞大,相貌与狮子相似,但身上长有虎纹。虎约重300千克,狮子约重250千克,狮虎兽约重400千克。它们和老虎一样,喜欢游泳。狮虎兽的体型比狮或虎都要大,原因是雄性虎及雌性狮会把控制生长的遗传基因传给后代。狮虎兽因为并非雄虎与雌狮的后代,缺少了这一基因,所以生长不受控制。狮虎兽从出生起会不断生长,直至它的身体不能承受为止。

我国的狮虎兽

据了解,国内一只名叫"利利"的狮虎兽,活了20岁,引自法国,落户在四川雅安碧峰峡生态动物园。海南热带野生动植物园内繁殖并喂养了由公狮小二黑与母虎欢欢生育的狮虎兽兄妹"平平""安安"(2005年生,国内出生存活时间最长)和两雄两雌四胞胎(2006年生)以及狮虎兽四胞胎(2007年生,其中一只夭折)。海南热带野生动植物园也成为了世界上繁殖狮虎兽最多的动物园,共繁殖成功了13只狮虎兽。上海动物园去年曾进行过狮虎交配试验,但失败了,生产下的狮虎兽不久就死了。

狮虎兽为何没有继承狮虎的优点

虎、狮同属猫科动物，自然界中老虎与狮子各有天性，相互之间并不亲近，但在人工饲养的环境下，虎、狮却可以交配受孕，产生它们的结晶——狮虎兽，从目前的情况来看，狮虎兽一般寿命都不太长，而且它们大多数的免疫力都比较低，是什么原因导致狮虎兽没有像骡子那样集中狮虎各方面的优点呢？

第一只狮虎兽诞生于法国。经过4年的感情培养，雄非洲狮哈里与母东北虎珍珍于1981年一个极其偶然的机会下生出它们的宝宝"利利"。"利利"在这个世界上生活了20年，于2001年9月病死。本世纪初，我国有好几个动物园开始在这方面进行尝试，但结果都不太令人满意。相继出生的狮虎兽和虎狮兽存活时间都不够长，而且都没有繁殖能力。

狮虎兽为什么不能繁殖

老虎和狮子属于不同的物种，不同种属的物种之间为何偶尔可以交配，但杂交所产生的后代却常常

第三章　畅谈狮子和老虎的结晶

没有生育能力？

（1）生殖隔离

自然界的物种均是在几百万年乃至几千万年的生物进化过程中产生并逐步稳定遗传下来的。在这个

漫长的历史过程中，一些物种由于不适应变迁的环境而消亡了，另有一些新的物种又会应运而生。总体而言，生物界形成了一个个固定的种系，所有这些物种在遗传基因上都是相对稳定的。物种最大的特征之一就是物种间的生殖的隔离。所说的物种之所以能成为物种，是因为它们本身是非常稳定的。如果一个物种和别的物种可以不断的杂交并产生可育的后代，那

么，它本身就一直处于分化变异之中。不同物种理论上是不能交配的，这是因为形成每一物种的遗传基因程序、染色体组的结构，特别是染色体的数目是不同的，这种不同决定了物种之间都不能进行种面的杂交。那么，为什么马和驴、狮和虎可以交配并产生后代呢？

物种定义的关键内容之一就是生殖隔离，但在一小部分物种之间，特别是亲缘关系很近，属于同一个科目和属的物种，也有个别局部成功的例子。像马和驴生出骡，狮和虎生出狮虎兽或虎狮兽。但这些局部成功的例子在生物进化的意

义上而言又不一定完全成功,如果这些杂交后代绝育,在物种进化上就没有意义。

在一般情况下,自然界动物的杂交,特别是一些高等动物之间的杂交,在物种已经形成之后,一般不能形成新的物种。但并不能说它们不试图去杂交,这种倾向在一部分物种之间是存在的,只是最后是否能出现新的物种要看许多偶然的条件。

(2) 染色体数目不同

不同物种之间,染色体的数目往往是不一样的。在高等动物的遗传物质里面染色体在每一个体细胞里都是两套,一套来自父亲,另一套来自母亲。当父母亲的染色体数目不一致时,精卵细胞的染色体无法全部联会配对,所产生后代即使能成活,但很难再产生有生育能力的生殖细胞(精子和卵子)。像马和驴,一个染色体数目是64,一个染色体数目是62。这种染色体数目的不同,使得它们杂交产生的后代性染色体的减数分裂无法进行,这样就使得这些杂交动物不能产生可育的生殖细胞,所以这些动物也就不再有繁殖能力。但对于某些低等动物,像节肢动物和无脊椎动物里,它们本身对染色体数目要求并不是很严格,它们突破原有物种形成新物种的可能还是有的。

在自然界中,新物种出现的方法一种是通过自身的突变,一种是通过杂交。这种对原物种的突破是生命进行和物种进化的一种基本形式。这种倾向性非常普遍,但造成的结果并不普遍。

第三章 畅谈狮子和老虎的结晶

揭秘狮虎兽

世界上第一只狮虎兽的诞生就曾引起人们广泛的争论。自然界的物种均是在几百万年乃至几千万年的生物进化过程中产生并逐步稳定遗传下来的。在这个漫长的历史过程中，一些物种由于不适应环境的变迁而消亡了，也有一些新的物种应运而生，生物界形成了一个个固定的种系，所有这些物种在遗传基因上都是相对稳定的。狮子老虎分属于不同的物种，这样的杂交会违反天伦，破坏物种的净化，甚至会产生基因的污染。

事实上，几百年来，虽然人类对老虎、狮子等大型猫科动物的生理结构，生活习性进行了不懈的研究，但对各种遗传性状的基因基础了解得还比较少，还有着很多的领域等待探索。近些年来，随着狮虎兽和虎狮兽被繁育

出来,又出现了更多有趣的谜团。同样是狮虎杂交的后代,虎狮兽和它们的近亲狮虎兽相比,无论从外观、体型、还是性状上都呈现出了很大的不同。后代在什么方面会体现母亲的基因,在什么方面又会凸显父亲的遗传,这个有趣的问题也许会在对狮虎兽和虎狮兽的进一步研究中找到答案。

亿万年来,在生命的进化过程中,大自然创造了数以万计的各类物种,在我们所生活的地球上,每一年都有6万个物种消失。而同时,又有2万个物种被人类所发现,在同一片蓝天下,曾经有过数不清的生命,有些生命来了又走,转瞬即逝;而有些生命历经风雨至今犹存,有关生命的每一个故事都美丽无比。

我们受制于相似的基因遗传,殊途同归,世代繁衍,走向死亡。没有一个物种能够揭开自身行为和生命的全部密码,有关生命的谜底,将一直吸引着人类不断地去探索、发现。

第三章 畅谈狮子和老虎的结晶

狮虎兽的生殖奇迹

狮虎兽通常被认为是不能生育的,但是据说雌性可以生育。传闻在印度一家动物园中,一只雄狮和一只雌狮虎兽就有过后代,而雄性就不可以了。狮虎兽与虎狮兽是否像骡子一样不能生育呢?经过抽血鉴定,发现狮虎兽的染色体数量是19对,38条。据专家分析,染色体呈两倍体存在的动物,其保存稳定性会更好,这也是传宗接代的基础。

2007年10月22日,再次发生了惊人的一幕:动物园的工作人员拍摄到的一组珍贵画面:雄兽平平竟然与安安交配了。这样的场景让所有人感到振奋,也许在不远的将来,这里将诞生另一奇迹。

狮虎兽为何不如骡子壮

(1)杂种优势和缺陷

为什么骡子集中了马和驴的优点,而狮虎兽却不能集中老虎和狮子的优点?

中国科学院遗传与发育生物学研究所研究员、博士生导师马润林认为，在同一个物种内部的不同个体间如果因地理环境分化遗传距离或渊源越远，交配后它们的后代就越有杂交优势。比如人类之间越是不同民族之间成婚，生出的孩子就容易吸收和表现双亲的优点，常常更健壮和漂亮。这是因为物种内部有这个趋势，遗传物质需要一个杂合度去保证它的生存力，即越是杂合的生存力就越强。

这个"杂种优势"的概念延伸到不同物种时，在能够杂交的物种之间，它们的杂交优势也是非常明显的。但有一个代价，染色体不能全部联会重合。但马和驴刚好能重合，所以骡子吸收了它们双方的优点。

实际上老虎和狮子也存在着这个趋势，狮虎兽个体都比较大，也很强壮。但由于它遗传基因在染色体数量上的不匹配性，它们有严重的遗传基因缺陷，这些缺陷导致有的个体寿命比较短，有的个体长得不好。

不同物种之间的杂交，由于其渊源程度比较远，如果能存活，往往能吸收双方的优点。但由于染色体数目不同，不同物种带有天生的

第三章　畅谈狮子和老虎的结晶

缺陷。在马和驴这一点上，强壮这一点得到体现，绝育这一点不可避免。在狮虎的问题上，强壮这一点有的个体体现了，有的个体体现得比较弱。它们本身能不能存活情况各不一样，现在我们也看到过有存活十几年的狮虎兽，这表明它们还是能存活的。

（2）交配成功概率低

马和驴交配的成功概率为什么相对高，而狮子和老虎交配的成功率为什么非常之低？

马润林认为，马和驴是人类已经驯化和饲养的动物。它们的性情都比较温顺，整个驯化过程中都有人类的参与，加上它们都是植食性动物，饲养的环境都没有太大的差异。由于是驯养，人为的原因使它们在一起，又是人为的原因使它们交配，这样就使得自然界不大可能发生的事发生了。马和驴过去长期都是畜力和动力的来源，人类把它们结合在一起，让它们交配，这种机会自然就大得多了，成功的概率所以就比较高。

老虎和狮子是自然界自由存活的动物，本身各有自己的领地，甚至地理分布都不相同，平常几乎都不见面，我们往往都是在动物园和驯化条件下看到它们共处的身影。它们在某种程度上已经接近了驯养动物的状态。虽然它们天性是野性的、肉食性的动物，交配成功的概率虽然低，但这个可能性却是存在的。

狮虎兽的价值

（1）研究价值

有许多专家认为，狮虎兽对于科学研究没有什么实际的意义。它只能说明虎和狮这两个物种能产生后代而已，它们有的也只是一些商业价值。但有些专家却不同意这种观点。

从分子遗传学的角度讲，这种物种间杂交后代是比较基因组学及基因功能研究的绝好材料。现在，人类对于老虎和狮子本身的基因组的情况、染色体的情况、遗传基因的情况，由于经费所限了解的还比较少。实际上，对不同的物种产生的可存活后代的基因组的研究，以及对它们父母的基因组进行研究，再把三者进行比较就会发现：哪些基因没有参与生命重组，被丢掉了；而哪些丢掉的基因功能又怎么被别的基因所代替或补偿而使

第三章　畅谈狮子和老虎的结晶

得生命活动可以维系；哪些基因是生命重组过程中的关键零件，没有了它们，个体就不能存活等。

其实，这项工作有着非常高的研究价值，研究的结果将是不可多得的遗传材料。它不但有助于我们理解生命是如何进化的，而且有助于我们理解各种基因在生命体中的角色、功能和地位。这种纯科学、纯理论的研究虽然不能像研究杂交水稻那样产生非常巨大的社会效益，但对科学的发展意义却非同凡响。

（2）经济价值

离开科学研究的意义不讲，狮虎兽之类的东西可能有助于满足社会中一部分人的好奇而具有一定的观赏价值，或者说经济价值。在市场经济条件下，有社会的需求就可能有满足这种需求的经济努力，从而把这种需求转化为价值，包括经济价值。

各国动物园持续不断地培育狮虎兽等本身就说明了这一点。

虎狮兽

虎狮兽是雄虎和雌狮交配后产生的结晶。虎狮兽头像狮子,有鬃毛,身体像老虎有褐色斑,眼睛、鼻子、耳朵及脸型、脚爪和尾巴等都具有狮、虎共有的血统。它们的外形更像是一类全新物种。

虎狮兽的种群特性

目前世界上存活的狮虎兽只有35只,主要分布在法国等少数国家。

虎狮兽存活率更低,人们称之为世界"怪兽""奇兽"。"虎狮兽"出现后,并不意味着一个新物种的出现。因为物种必须满足三个条件:在自然界有一定的分布区;有一定的种群数量;能自然交配有繁殖能力的后代。因此,将"虎狮兽"定为一个新物种还言之尚早。

虎和狮子能产仔,是由于同属猫科动物,基因一致,染色体数目匹配。一般情况下,同科不同种的动物如果能够交配产仔,都会继承双方的优秀基因,寿命也长(如马与驴杂交出来的骡)。狮子和老虎交配生

第三章　畅谈狮子和老虎的结晶

下"虎狮兽"概率极低，但其后代的抵抗力极差，成活率很低，自身也没有生殖能力。

虎狮兽的种群记录

我国第一只虎狮兽出生于2002年8月的南京红山森林动物园，但小兽出生后第7天便死亡；

2002年9月，福州国家森林公园也降生了3只小虎狮兽，其中2只幼崽由于没奶吃出生不久就先后夭折，剩下的一只"花花"在饲养员的精心照料下于当年12月去世，存活了113天；

2003年3月长沙世界之窗出生的虎狮兽"崽崽"于当年10月离世，共存活206天，是此前国内"最长寿"的虎狮兽。

2005年5月12日，深圳野生动物园诞生了目前世界上仅存的两只虎狮兽。虎狮兽哥哥被取名为"瑞瑞"，妹妹被命名为"珍珍"，这两只虎狮兽存活均超过207天，创造了新的存活纪录。

虎狮兽的种群评价

从伦理学角度看，虎狮兽的出生违背了自然的法则。不同的物种，

基因是不同的。从人的伦理角度来看，是乱伦。由于乱伦而导致的结果一般被视为"孽障"。因此虎狮兽的出现是不健康、不正常的"妖孽"。另外，由于虎狮兽由虎和狮两种不同的基因结合而成，它体内的病毒相互排斥，成活率非常低。即使能成活，但其身体仍有缺陷，起码它不能生育，其他的后遗症还会慢慢出现。因此，它的一生，注定是痛苦的一生。

从生物学角度讲，研究虎狮兽意义重大。虽说"虎狮兽"是不健康的、不正常的东西。但换个角度，生物的杂交现象又极为正常，而不是像一些民众理解的"吉祥"或"不吉祥"这样简单。

杂交水稻的研制成功对于人类的意义已是众所周知，新的物种具有新的特点，某种意义上能改变人类的生活。

"虎狮兽"成活率极低是因为不同种动物的基因排斥等原因，如果经过科学研究突破这一屏障，对以后的新物种研究会有很大的参考作用。

第三章　畅谈狮子和老虎的结晶

老虎和狮子到底谁最强大

一般来说，老虎的外号是"林中之王"，而狮子的外号是"草原霸主"。老虎和狮子的生活范围没有重合，但是它们都是它们所在区域的最高级的食肉动物，可以挑战自然中的一切其他动物。平均来说，老虎的体重比狮子略大。

其中东北虎的体重比狮子大得多，孟加拉虎的体重与狮子相差不多。人们往往看到狮子的头大而且吼声大，认为狮子的力量比老虎大。其实狮子的后肢力量要弱于老虎，但是头部力量大于老虎。打斗的时候，狮虎都是采用站立的姿势，

所以老虎的优势大一点。而且老虎的搏斗技巧相对更为丰富，耐力也稍微好一点，所以老虎比狮子更加厉害。狮子成群捕猎，老虎单独行动。

以下都采用成年健康的狮虎，由于雌狮和雄狮的差别过大，因此

狮子一般均采用雄狮。老虎选择西伯利亚虎为代表，狮子以非洲狮为代表。

体形和重量比对

老虎是最大型的猫科动物，目前已经没有任何异议。西伯利亚虎在老虎中体形最大，也比非洲狮略大。资料记载现存最大的猫科动物是前苏联中亚共和国猎取的西伯利亚虎，雄性、体长5米（不计尾巴）、体重760千克，是普通西伯利亚虎或非洲狮的两倍。孟加拉虎次之，也比非洲狮略小。孟加拉虎体重300千克，体长3米。华南虎更小，体长2.5米，体重200～250千克，但性情最暴烈。非洲狮雄性体重350～400千克，身长3.5米。

但在古代西方世界，他们所能接触的是最大型的非洲雄狮和最小型的中南亚老虎，由此引起视觉上的误会，而认为狮子是最大的猫科，并成为西方许多国家的标志。直到百余年前他们接触到了更大更凶猛的东北虎（西伯利亚虎）和孟加拉虎，才最终改变这种观念，形成了由狮子中心说向老虎中心说的转变。

而在东方，老虎一直稳居中堂，是神的象征，而狮子不过是守门神，只是猛兽的象征。这样由于东西方对狮虎主观意识的差别而最终引发

第三章　畅谈狮子和老虎的结晶

了狮虎斗的千年争论。

生理数据比较

下面数据几乎揽括了猛兽的所有的生理特征：

（1）头颅比较

狮子因为鬃毛的原因，在视觉上感觉相当大，其实除掉鬃毛后和老虎相差无几，剥皮后的狮虎也很难分辨，因此颅骨差别不大。鬃毛是雄狮的象征，以至往往被无限夸大，甚至成了决胜武器。生物学上将雄狮鬃毛的作用定义为：雄狮之间实力的显示、雌狮择偶的标准，鬃毛对雄狮有一定的防守作用但同时会消弱它的攻击能力。

（2）心脏容量

在解剖学中，老虎心脏容量大于非洲狮，这一条相当重要。在同等生理素质的对手中，它反映了一个物种具有更大的爆发力、耐力和体能恢复能力。

（3）嘴

猫科嘴的张合度都约60度（剑齿虎可达100度），老虎的颚部球型肌在猫科中是最发达的。狮虎的咬合力差别不大，虎略强，虎约450千克，雄狮400千克（附：鳄后端约1000千克，合2200磅，前端770千克。大白鲨约770千克，人约80千克）。

动植物百科——狮子　　085

虎犬齿长约6厘米，雄狮约5厘米，虎的咬合深度约为11厘米，雄狮约9厘米。咬合深度深1厘米往往就能决定对方是生还是死，这也使狮子使猎物的致死率比老虎要小得多。

但狮子的齿根略粗于老虎。生物学家解释之所以狮的齿粗，是因为狮子无法快速将到手的猎物杀死而导致猎物的反抗，为了在猎物反抗中不致使犬齿折断，才使犬齿进化得更粗。

（4）前肢

老虎前掌是猫科中最大的，雄虎的掌垫宽约10.5～11.5厘米，雌虎约8.5～9.5厘米，雄狮约7.5厘米。掌击是虎的常用手法，其掌力居猫科之冠，可达1吨，力量比雄狮大10%，而狮子不论是博杀还是捕食，掌击都不是它的特点。

猫科都有磨爪的习惯，但成年后的狮子磨爪的频率有所减少，这和生活环境有关，因此爪子不如老虎锋利。虎的爪子在猫科中最长，东北虎约10厘米，孟加拉虎约9.2厘米，狮子约8厘米。狮子常被大型猎物从其身上甩落下来，可见其前肢力量不够、爪子嵌入不深，而老虎极难被野牛甩落。

（5）后肢

狮子后肢力量不足，只能半直立，因此狮子不擅掌击。而老虎后肢力量强大，可以完全直立，直立后可比狮子高一个半头。

后肢力量直接影响了跳跃能力。老虎可跳上2.2～2.4米的高度，

第三章　畅谈狮子和老虎的结晶

雌狮约 1.6 米,老虎摸高可达 6.5 米,雌狮为 4.5 米,而雄狮几乎不会跳跃。综合四肢,老虎的四肢更为粗壮,而狮子四肢相对瘦弱的多。

（6）肌肉

孟加拉虎和狮子都属热带、亚热带,两者肌肉相差不多。虎的肩部力量强大,雄狮的力量集中在颈部。

东北虎的脂肪主要在皮下,而不是附着在肌肉上,其肌肉重量可占全身重量的 70% 左右。据中国生物学家对东北虎解剖报道：东北虎虎肌纤维极为粗壮,几乎找不到脂肪,比最好的健美运动员的肌肉还要结实。

（7）骨骼

老虎有更加完美的骨骼,其骨骼平均密度比狮子高约 1.2%,这意味着老虎更加强壮,抗击打力更强。

（8）速度

东北虎冲刺速度约为每小时 56 千米,孟加拉虎快的时候约为每小时 68 千米,雌狮介于两者之间为每小时 64 千米,雄狮为每小时 56 千米。

（9）柔韧性

老虎的体型修长,而雄狮体型粗短,这意味着老虎可以做更大范围、更灵巧的转身。

科普百花园

狮子和老虎

老虎：凶猛威严，目光如电，体魄雄健，被称为百兽之王。虎性极机警，运动与猫一样，平稳安静，毫无动静，在丛林中行走像滑行一样，虎奔跑与窜跃能力极强，会游泳、会爬树。虎捕捉猎物时常常采取打埋伏的办法，悄悄地潜伏在灌木丛中，一旦目标接近，便迅猛窜出，扑住猎物。

狮子：属猫科动物，头部巨大，脸型颇宽，鼻骨较长，鼻头是黑色的。狮子的耳朵比较短，耳朵很圆，前肢比后肢强壮，爪子很宽，尾巴相对较长，末端还有一族深色长毛。狮子属群居性动物，狮群中的狩猎工作基本由雌狮完成，雄狮很少捕猎，不过它们是保卫狮群的勇士。

比较捕食技巧和在食物链中的地位

西伯利亚虎在所有猫科动物中捕食技巧最高，这是因为其栖息地高寒恶劣，野牲稀少，无法承受捕食失败。西伯利亚虎在当地食物链中无可争议处于顶点，其猎物包括所有食草兽和食肉

第三章　畅谈狮子和老虎的结晶

兽。大型且性情暴烈的食草兽如马鹿、亚洲野猪；食肉兽如亚洲棕熊、豹、亚洲黑熊、狼、猞猁、獾、狐等都是它的猎物。

　　由于豹与虎食物相同，所以在虎的领地绝不允许豹存在，因此捕食豹的几率很小，但有资料显示西伯利亚虎的粪便中发现豹的毛发。亚洲棕熊尽管体形庞大也不是东北虎的对手，雄性棕熊被虎偷袭的记载很多。而黑熊更不行了，在冬季冬眠的黑熊经常被虎从洞中挖出甚至没有机会反抗。在北亚狼群个体数量少，一般不超过7只，因此只能躲避虎。当然有很多传闻雄性野猪战胜东北虎，不过野猪是防御方，不被捕杀是胜利，能击毙西伯利亚虎的记载太少。而且受伤致死的虎一般是老年、残疾虎（缺犬齿）

或年轻幼虎，无法捕食其他野牲，才不得不攻击战力很强的雄野猪。由于西伯利亚虎（我国称东北虎）与人类生活区较远，所以西伯利亚虎对人类一般主动避让，不去招惹陌生的东西。

非洲狮捕食能力很差，只能依靠群体伏击，只在旱季走投无路时才攻击非洲象、犀牛、野牛等。一般10只以上非洲狮一拥而上分割象群，由母狮在大象、野牛背后袭扰，雄狮正面攻击，雄狮单独猎物的时候几乎没有。单独非洲狮无力生存，被狮群驱逐的老年雄狮一般被狗群捕杀或被三色豺捕杀。狗群是报复，三色豺是谋杀，战术很像亚洲豺。伤人最多的非洲狮是修建铁路时的狮群，此狮群6至7只会伤害多名工人。

第四章　畅谈狮子文化

>>>

中华民族具有悠久的文明历史，拥有丰富灿烂的艺术遗产，而且这种艺术渗进了中华儿女的血脉里，根植在自古至今的万物中。它们用其坚韧的存在，证明着文化特有的价值，影响或改变着我们的生活。狮子在人们的心中是一种有灵性而神圣的动物。大到国家，小到家舍，人们用各种各样充满寓意的狮子来寄托理想、表达情感，由此而产生的狮文化也就丰富多彩。人们把狮子融进了生活和对生活的憧憬之中，其狮文化不仅渗透在了神州大地的各个角落，还产生了国际狮文化，深受人们的喜爱，并把它推崇为神兽、灵兽等吉祥物。它那威武雄强的形象，激昂的神态，磅礴的气势，已成为一个民族的精神象征。

　　狮子啸傲山林，是百兽之王，是活生生的、见得着的威猛角色。所以，殿堂也好、店铺也罢，深山古刹的石阶之上，私家宅第的后门檐下，都雕上两尊狮子雄赳赳地蹲着，看家护院和显示尊严的意思全有了。在人们心中，狮子和人的生活是紧密相连的也是相辅相成的。因此，狮子雕塑就有了千姿百态、栩栩如生的模样，从中可以体味到中华民族独特的艺术精神，更能够感悟到中华民族的性格、理想和追求。

我国的舞狮文化

舞狮是中国民间传统艺术和乡土文化之一，因象征吉祥喜庆而深受老百姓的喜爱，也是海内外华人地区大小节庆典礼中少不了的助兴节目。舞狮在南北朝时开始流行，至今已有一千多年的历史。表演者在锣鼓音乐下，装扮成狮子的样子，作出狮子的各种形态动作。中国民俗传统，认为舞狮可以驱邪辟鬼。故此每逢喜庆节日，例如新张庆典、迎春赛会等，都喜欢打锣打鼓，舞狮助庆。

舞狮亦跟随着华人移居海外而闻名世界，马来西亚、新加坡等地相当盛行舞狮。聚居欧美的海外华人亦组成不少醒狮会，每年的春节或重大喜庆，他们都会在世界各地舞狮庆祝。

舞狮简介

舞狮,又称"狮子舞""狮灯""舞狮子",多在年节和喜庆活动中表演。狮子在中国人心目中为瑞兽,象征着吉祥如意,从而在舞狮活动中寄托着民众消灾除害、求吉纳福的美好意愿。舞狮历史久远,《汉书·礼乐志》中记载的"象人"便是舞狮的前身;唐宋诗文中多有对舞狮的生动描写。现存舞狮分为南狮、北狮两大类。

第四章 畅谈狮子文化

独具魅力的鹤山狮艺

鹤山狮艺得到广泛认同，其根源在于冯庚长创立和后人不断完善的鹤山狮艺内容丰富，形成独特的艺术风格。

（1）丰富的神态。主要表现为"八情"：即喜、怒、惊、乐、疑、醉、睡、醒。这是冯庚长观察猫儿戏鼠而创造的狮艺风格之一，也是鹤山狮艺最显著、水平和价值最高的艺术风格，成为鹤山狮风行全球各地的主要因素之一。

（2）独特的舞步。冯庚长把猫的动作与狮的性格巧妙结合，配合上述的"八情"创造出特色鲜明的鹤山狮步型。鹤山狮步型动静分明，形象逼真，惟妙惟肖，并在舞狮过程中融入和加插民间故事、传说的内容，创作出"狮

子滚球、喜神戏雄狮、雄狮庆丰年、猛狮闹元宵、双狮戏绣球、登山遇青、双狮会、樵夫遇难、少侠战双狮"等节目，深受群众欢迎。其富有较高的欣赏价值，被狮艺各门派所争相摹习（佛山黄飞鸿武术馆及东南亚的武术馆均列入学习教程）。

（3）威武的狮型。冯庚长把佛山狮型加以改进和创新，使狮子形态威猛，再配上额头上的"王"字，显示不怒自威之态。鹤山狮型经过一系列改动，独具一格，成为广东两大主要狮型（佛山狮和鹤山狮）之一，不仅盛行于鹤山及邻近地区，且风行东南亚及欧美各地。早年，有客商专门到鹤山大量购买狮头供应新加坡、马来西亚等地。现在新加坡狮团采用的狮头，也多为鹤山型。

（4）强劲的鼓点。舞狮讲究配合，尤其是锣鼓节奏的配合非常重要。为此，冯庚长根据表演的需要，独创出一套雄壮威猛、铿锵悦耳、节奏感强的"七星鼓"法。现在行家只要一听到"七星鼓"响，就会说"鹤山狮来了"。

正因为具备以上独特的艺术风格，冯庚长把"草原霸主"的雄姿刻画得栩栩如生，后人又不断发扬光大，使鹤山狮艺独树一帜，被狮艺界广泛争相研习。

第四章　畅谈狮子文化

舞狮的起源

要探讨舞狮的起源，必然要先弄清中华狮文化的起源。狮子多产于非洲、西亚、南美等地，埃及早在公元前3500年的加尔采文化末期就已创作出具有高度艺术技巧的狮子雕刻作品。约建于公元前2650年的哈夫拉王朝的狮身人面像，开创了以石狮作为陵墓守护的先河。从残留在古巴比伦城神庙中的加喜特王梅利什派克二世界碑浮雕（公元前12世纪）中，可以找到带翼的狮子。源于印度的佛教兴起后，狮子作为百兽之王，护法之物，成为神力和王权的象征。在迦什米尔发现的梵文佛经残卷中也记载："释迦佛出生时，作狮子吼，天上地下，唯我独尊。"《佛说太子瑞应本起经》也说："佛初生时，有五百狮子从雪山来，侍列门侧。"由此可知狮子在佛教中作为护法灵兽的崇高地位。在古代中亚的波斯、大食（阿拉伯）等国狮子崇拜也很盛行。

据考古资料显示，在北京周口店北京猿人遗址中，曾发现过几十万年前的古狮化石，后来由于冰河的原因，古狮才在中国灭绝。但据现存古代文献，找不到中国产狮的记载，历代学者都众口一辞，肯定狮从西域来。

公元前138年，汉武帝派博望侯张骞出使西域，开辟了丝绸之路，为中亚、西亚等地狮和狮文化的传入创造了条件。现所知最早狮子传入的记载当属班固《汉书·西域传》了，其中写道："遭值文、景玄默，养民五世，天下殷富，财力有余，士马强盛……巨象、师子、猛犬、大雀之群食于外囿。殊方异物，四面而至。"可见西汉时已有狮子传入。到了东汉，此类记载更多，如《后汉书》卷3就有汉章帝章和元年（87年），月氏国献狮子，二年（88年）安息国献狮子等记载。随后历代都有贡狮记录，直至清代康熙十七年（1678年）葡萄牙使臣本托·白垒拉贡非洲狮为止。

随着丝绸之路的开通和中西文化的交流，西域文化尤其是佛教文化中的狮子崇拜也传入了中国，其对中国文化产生的影响远远超过了西域诸国贡献真狮的影响。佛教中作为护法灵兽的狮子王是有较固定的狮相的，如《涅槃经》卷25记载狮相为："方颊巨骨，身肉肥满，头大眼长，眉高而广，口鼻而方，齿齐而利，吐赤白舌，双耳高上，修脊细腰，其腹不现，六牙长尾，鬣发光润，自知气

第四章 畅谈狮子文化

力,牙爪锋芒,四足据地,安住岩穴,振尾出声。"

东汉以后,随着佛教的传入和中国化,作为佛教中王权象征和护法灵兽的狮子崇拜也逐步融入中国文化,佛教的狮相也开始中国化。其加入了中国灵兽麒麟、龙、凤等特征,保持威严尊贵的同时也加入了许多中国人的审美观和审美情趣。如《镇座石狮子赋》中描述唐代石狮为:威慑百城,褰帷见之而增惧。坐镇千里,伏猛无劳于武张。有足不攫,若知其豢扰;有齿不噬,更表于循良。"已经完全是威而不怒的中国狮子形象了。这种中国化趋势,使得狮崇拜中的狮相与作为帝王贡品的真狮有很大的不同。由此也曾引起了古代中国人的不解,如北魏使者宋云六世纪初在跋提国见到真狮时,十分惊奇地说:"观其意气雄猛,中国所画,莫参其仪。"

有一种说法认为,狮和狮崇拜刚传入中国时,由于真狮子作为皇家贡品,很少人能见到,因此画狮者多据别人口传描述而作,加入了很多中国文化的内容,使狮崇拜中的狮子变得神似而非形似。这不是真狮和狮崇拜两者形象不同的主要

原因,因为在中国古代文献中关于真狮子的描述中,有较高的纪实性。这说明真狮形象和狮崇拜形象一开始就在中国走着一条并行发展的道路。真狮子在中国经常遭到历代帝王的"却贡",也就是把狮子宣布为不受欢迎的动物而遣返的待遇,而狮崇拜却在中国适应中华文化而大放异彩。

汉代以来,作为王权象征、护法灵兽的西域狮崇拜的传入为舞狮的产生创造了条件,但舞狮真正产生应与中国古老的傩舞有关。舞狮应该是传入中国的西域狮子崇拜与中国固有的驱鬼逐疫的傩舞相互影响的产物。傩是源于我国古代原始宗教的一种文化现象,是古代先民为驱鬼酬神、消灾辟邪而举行的一种祭祀活动。傩舞是古代举行傩祭时跳的舞,源于原始巫舞。《论语·乡党》已有"乡人傩"的记载。至汉代,宫廷傩舞规模盛大,有"方相舞""十二兽神舞"等名目,舞者头戴面具,手执兵器,表现驱鬼逐疫的内容。

在魏晋南北朝时期,传入中土

第四章 畅谈狮子文化

的佛教与傩结合起来,产生了佛傩结合的傩队。如《荆楚岁时记》所记的"荆楚傩舞",十二月初八腊日,"村人并击细腰鼓,戴胡头及作金刚力士,以逐疫。"腊八,相传是释迦牟尼成道日,此处"金刚力士"是否指佛教的金刚力士有待考证,但"胡头"应是从西域传来。

舞狮是受汉代出现的"十二兽神舞"等傩舞和魏晋以来佛、傩结合的影响而逐步发展起来的,西域狮子崇拜的护法驱魔与傩文化中的驱鬼逐疫有重要的共通之处,这也是两者发生相互影响的重要因素。傩的主要特点有三:其一以驱鬼逐疫为主题。其二使用假面具,或披兽皮等。其三有傩舞、傩戏表演,由单纯驱疫逐步向驱疫、娱人方面发展。这些特点也正是舞狮所具有的特点,只是舞狮的娱人方面发展得更快一些。前文提及的各种关于舞狮起源的传说也证明了这点。

此外,舞狮和傩还有许多相类之处。就拿舞狮所用的锣、鼓、钹三种敲击乐器来说,鼓和锣都是傩乐的基本乐器。尤其是鼓,是指挥驱傩活动的号令,也是第一个傩乐器。早在东汉高诱《吕氏春秋·秋冬纪》"命有司大傩"句注中,就有"今人腊岁前一日击鼓驱疫,谓之逐除是也"的记载。在广西重要傩戏师公戏中,也有"蜂鼓不响不开腔"

的规矩。锣与鼓的搭配出现在唐代的傩乐中，如《唐人勾栏图》中描述庙会的"障中挝鼓外击锣。"宋代以后逐渐流行，如宋代梅尧臣《除夜雪》的"击鼓人驱鬼"。孟元老《东京梦华录·十二月》和吴自牧《梦梁录·十二月》中所说"打夜胡"时的"敲锣击鼓"等记载。舞狮中鼓手也是整个狮队的指挥者。舞狮中的钹来源于古代佛教法器，声音尖而清脆，正处于鼓声和锣声的谐音地位，作为调和者。

流行于中国各地狮队沿门拜年辟邪的习俗也与傩俗中的丐傩有密切的渊源关系。所谓丐傩，是指以驱傩的名义乞讨的乞丐。他们多采用沿门逐疫的形式，如唐宋的打野胡和明清的急脚子，甚至莲花落、打莲厢、龙舟歌等都与丐傩艺术不可分离。丐傩艺术是近现代出现的

第四章 畅谈狮子文化

众多戏剧形式，如评剧、越剧、黄梅戏等的发展基础之一。

在舞狮的狮子点睛仪式中，过去都用鸡血点睛，而不是现在所用的朱砂。鸡血点睛的习俗就来源于中国古代普遍流行的磔牲傩俗，是驱疫辟邪的重要手段。磔鸡习俗，先秦就有，但专门磔鸡，不磔其他，始于曹魏明帝，以后又发展出专磔雄鸡的习俗。鸡血涂于门，可御鬼于门外，涂于器物，器物就会有灵气，杀鸡、取血、涂物的傩俗，在越南、日本、朝鲜的傩俗中也普遍流行。有些地方狮子点睛仪式中的撒圣水、撒五谷仪式也与古代周傩中的舍萌（撒菜牙）和秦、汉傩中的撒豆播谷以辟邪的傩仪一脉相承。

舞狮中的狮头形象也经常出现在各地傩面具吞口之中。"吞口，吞口，吞鬼之口。"吞口傩面具以有一张大口为特征，有的大嘴里伸出一条舌头，有的嘴里咬着一把斩鬼金

剑，也有的在口中咬着一颗红果等，吞口的大口形象意谓着可以食鬼魅，灭鬼疫。中国南方醒狮采青时吞青、吐青，似乎也带有吞掉凶邪，吐露吉祥的寓意。韩国狮子舞中，狮子叼小孩辟邪也似乎与吞口傩俗有关。

一般认为，舞狮自唐代以来开始广泛流行，有关唐代舞狮的文献记载也较多。著名的如白居易的《新乐府·西凉伎》："刻木为头丝作尾，

动植物百科——狮子　103

金镀眼睛银帖齿。奋迅毛衣摆双耳,如从流沙万里来。"把一个酷似现代北狮的狮子形象勾勒得惟妙惟肖。唐代最著名的舞狮就是"五方狮子舞",该舞是盛唐时皇宫中专为皇帝准备的一种狮舞。据《新唐书·音乐志》记载:"设五方狮子,高丈余,饰以方色,每狮子有十二人,画衣执红拂,首加红抹,谓之狮子郎。"唐·杜佑《通典》卷146《乐六·坐立部伎》也记载:"太平乐,亦谓之五方师子舞。师子挚兽,出于西南夷天竺,师子等国。缀毛为衣,象其俯仰驯狎之容。二人持绳拂,为习弄之状。五师子各依其方色,百四十人歌太平乐,舞步以从之,服饰皆作昆仑象。"可见此种舞狮规模宏大,并有严格的规制和舞法。唐代著名诗人王维,因违禁舞黄狮子(五方狮子舞之一)一事,被贬官济州。此事在唐·薛用弱撰的《集异记·王维》,宋·王谠的《唐语林》卷五中都有记述。一些学者认为"五方狮子舞"是专为皇帝宴饮时的舞蹈,似乎与傩俗无关。其实不然,在唐代的开元傩制中,常常把傩与乐舞结合起来,如唐玄宗本人曾让四名方相站四角,为兰陵王舞在当中作伴,把傩和乐舞合二为一。在晚唐傩制中,傩仪中的文艺表演成分更大,狮子舞也是傩仪中的表演节目之一。因此"五方狮

第四章　畅谈狮子文化

子舞"可能和宫庭傩仪有密切的联系,也可能与傩仪中历史悠久的"跳五方"有一定的关系。

宋代以后舞狮在各地更为普及,从宋代流传下来的《百子嬉春图》中的舞狮情景看,与现代舞狮已非常相似了。但舞狮与傩的关系一直相当密切,如河北武安早期的《打黄鬼》社火傩舞中,就有狮子舞的内容。明代湖北蕲州有72家傩班,当时的学者顾景星在《蕲州志》中详细介绍了蕲州傩仪,其中便提到有西凉狮子舞。清代江西婺源县亦有"三十六傩班,七十二狮班"的说法,可见当时傩班的兴盛程度。在甘肃静宁县农村的烧社火、断瘟神和安徽贵池的傩仪中都有舞狮出现。此类狮、傩同现的例子真是不胜枚举。

舞狮与古傩仪虽有密切的渊源关系,但在历史长河中,两者的发展方向是不同的,舞狮的辟邪驱疫功能逐步内隐,娱人功能长足发展,成为主要的功能。而古傩在向现代傩转化的过程中,娱神的成份逐渐减弱,娱人的成份越来越强,许多地方发展出了傩戏。但与舞狮比起来,其娱乐性和普及性有很大差距,仍带有明显的驱疫娱神的特征。正因为舞狮娱人和傩仪娱神的不同发展路向,导致了两种不同的发展结果:舞狮越来越受到人民的欢迎,逐步走向了世界,甚至走回了狮子崇拜的发源地印度和中亚;源于中国,曾在东亚地区广泛流行的傩却由于种种原因逐渐式微,成为了历史的"活化石",濒临灭绝。这已引起了东亚各国的重视,纷纷表示要保护好这份古老神秘的民族文化瑰宝。

动植物百科——狮子

舞狮的来历

据传说，舞狮最早是从西域传入的。狮子是文殊菩萨的坐骑，随着佛教传入中国，舞狮子的活动也传入中国。狮子是汉武帝派张骞出使西域后，和孔雀等一同带回的贡品。

而狮舞的技艺却是引自西凉的"假面戏"，也有人认为舞狮是五世纪时产生于军队，后来传入民间的。两种说法都各有依据，今天已很难判断其是非。不过，唐代时舞狮已成为盛行于宫廷、军旅、民间的一项活动。

唐段安节《乐府杂寻》中说："戏有五方狮子，高丈余，各衣五色，每一狮子，有十二人，戴红抹额，衣画衣，执红拂子，谓之狮子郎，舞太平乐曲。"诗人白居易《西凉伎》诗中对此有生动的描绘："西凉伎，西凉伎，假面胡人假狮子。刻木为头丝作尾，金镀眼睛银帖齿。奋迅毛衣摆双耳，如从流沙来万里。"诗中描述的是当时舞狮的情景。

第四章　畅谈狮子文化

舞狮的起源传说

舞狮又称狮舞、狮子舞、耍狮子等，是源于中国，并广泛流行于东亚、东南亚各国和世界其他国家、地区的一种集娱乐、武术、杂技、音乐、信仰、竞技等为一体的综合性民间文化活动。舞狮由于历史悠久，流布广泛，形式多样，对其起源的说法历来众说纷纭，莫衷一是。下面就举出几种各地较流行的关于舞狮起源的传说。

（1）传说一

舞狮的起源与一场狮象大战有关。据《宋书·宗悫传》记载，南北朝时宋文帝元嘉二十二年（465年），宋朝交州刺史檀和之奉命伐林邑，林邑王范阳迈使用了象军参战。这支象军由于士兵持长矛骑在又高又大的象背上，所以使仅仅拥有常规兵器的敌方难以接近，南宋军吃了大亏。后来先锋官振武将军宗悫想出了个妙计，他说，听闻百兽都害怕狮子，大象大概也不例外，于是用布、麻等做成了许多假狮子，涂以五颜六色，又特别加大头和口，乍一看去，形状着实可怕。每一头狮由两人合舞，隐伏在草丛中，他还在预定的战场周围，挖了不少又深又大的陷阱。当两军再次交战时，敌人驱象军来攻，宗悫用弓弩手压住阵脚，同时放出了假狮子，这群雄狮，一个个张开斗大的血口，张牙舞爪地直奔大象。大象一见到这突如其来凶猛非常的群狮，竟吓得掉头乱跑，宗悫又趁机指挥士兵万弩齐发，受惊的大象登时没命地向四方奔逃，不少跌到陷阱里，人象俱被活捉，还有些反奔己阵，把自己军队的阵形也冲乱了。宗悫趁机指挥大军猛攻，使敌军全线崩溃，顺利占领了林邑。从此舞狮先在军中流行，然后又传到了民间。

（2）传说二

在醒狮的发源地广东佛山，有

第四章　畅谈狮子文化

这样一个舞狮起源的传说：在古代佛山，有一只独角怪兽，眼大口阔，常常夜出糟蹋农作物，残害牲畜，弄得鸡犬不宁。于是众人商议要用百兽之王狮子来吓跑怪兽，用竹篾、彩纸制成狮头，用彩布制成狮尾，带上锣鼓，挑选强壮精悍的小伙子埋伏在怪兽出没的地方。当怪兽出现时，锣鼓齐鸣，群狮向怪兽冲去，吓跑了怪兽，自此以后，舞狮驱邪之风便相沿成习了。

（3）传说三

相传周朝姜太公封神时，有些神没有被封上。这些神一怒之下，便到人间散发瘟疫，玉皇大帝命狮子下凡，扑灭瘟疫，功成之后，得封狮王。于是人们认为狮子可以驱走瘟疫，慢慢地就形成了舞狮驱疫的风俗了。类似的传说还有，狮子在天上干了坏事，被玉皇大帝斩了。王母娘娘可怜它，就给它身上披了一块能避邪的红布，舞狮的兴起主要就是因它身上披了王母所赐的一块可以避邪的红布。

（4）传说四

在广东揭西民间，也有当地的

科普知识博览
Ke Pu Zhi Shi Bo Lan

关于舞狮的传说。相传很久以前，大地上风和日丽，山花烂漫，自由自在，一如仙境。一天忽然从天上飞来一只金毛狮子，独霸大地，伤噬万类，欢乐的大地顿时陷于死寂。大慈大悲的西天佛祖见状，为了普救众生，指派沙和尚下凡，施展神通，制服金狮，命令它皈依佛法，为众生造福。金狮依法，与灵猴为友，每年春节前夕即至，为众生驱除灾病瘟疫，岁岁如是，遂成舞狮的风俗。

上述各种舞狮起源的传说在其流行地域内都得到了当地的认同，并在当地文化中发挥着一定的作用。从这些舞狮的传说中，我们至少可以看到两个共同特征：第一，舞狮是一种面具文化；第二，舞狮的起源与避邪驱疫有关。

第四章　畅谈狮子文化

印度民俗中的狮子

在印度，狮子在佛教文化中占有一定的地位。佛教把佛比喻为狮子，如《智度论》说："佛为人中之狮。"由于狮子吼叫起来，能令百兽慑服，佛家以"狮子吼"比喻佛主说法，声震世界。佛教又把佛所坐卧的地方称之为"狮子座"，文殊菩萨以狮子为坐骑，显示着神威和智慧。

孔雀王朝阿育王石柱顶端的石刻是阿育王根据佛教的典章为他的臣民制定的严格的道德规范。为了严明戒律，公诸世人并使之永久保留，阿育王下令把诏令戒律刻在全国各地带有狮头的石柱上。这些威严的雄狮石柱记载了古代印度的强盛，现在成了印度的国宝。1950年印度人民选择这些古老的雄狮图案作为国徽，以此来弘扬印度悠久的文化和历史，也是在法律上成为了印度的标志。

舞狮的历史

舞狮是一种东亚民间传统表演艺术，源于中国。表演者在锣鼓音乐下，装扮成狮子的样子，做出狮子的各种形态动作。中国民俗传统认为舞狮可以驱邪辟鬼，故此每逢喜庆节日，例如新张庆典、迎春赛会等，都喜欢打锣打鼓，舞狮助庆。舞狮亦跟随着华人移居海外而闻名世界，马来西亚、新加坡等地相当盛行舞狮。但中国内地的民间舞狮实际已经日渐减少。聚居欧美的海外华人亦组成不少醒狮会，每年的春节或重大喜庆，他们都会在世界各地舞狮庆祝。

舞狮起源众说不一。神话传说是以前山中出现狮子，吃掉村庄内的村民，后来村民学会武功，打毙狮子，村民模仿狮子的形态而成为舞狮。亦有神话版本说是如来佛把狮子引走，因此南狮中常有"大头佛"引领狮子。亦有传说有村民以纸扎狮子及锣鼓驱走年兽，演化成为舞狮。较为可靠的说法是：中国本身没有狮子，在中华文化中，"狮"本来是和"龙""麒麟"一样，都只是神话中的动物。到了汉朝时，才首次有少量真狮子从西域传入，当时的人模仿其外貌、动作入戏，至三国时发展成舞狮；南北朝时随佛教兴起而开始盛行。史书中，《汉书·礼乐志》中提到"象人"，据三国时的解释，就是扮演"鱼、虾、狮"的艺人。到了唐朝，舞狮是大型宫廷舞蹈表演的一种。当时的"太平乐"亦称为"五方狮子舞"，出于天竺与狮子国等国。白居易的诗中描述狮

第四章 畅谈狮子文化

子舞："假面胡人假面狮，刻木为头丝作尾，金镀眼睛银作齿，奋迅毛衣摆双耳"，可见当时的舞狮跟今日我们所见的已十分相似。

舞狮有着悠久的历史，它是中国与西域之间文化交流的产物。早在1900年前，波斯通过了丝绸之路同中国进行了双方的商业贸易，同时也促进了两国之间的文化交流。波斯使者还把狮子等动物运到中国，当时中国中原地带不产狮子，但随着接下来的古代中国与西亚、印度等国之间进行友好交往，更多的狮子来到了中国境内。

狮子体型威武，被誉为百兽之王，而中国一般不受狮患所害，因此民间对狮子有了亲切感，把它当成威勇与吉祥的象征，并希望用狮子威猛的形象驱魔赶邪，造成狮形以镇压或以示威武。

中国社会历来以农为本，配合节气变更与农事生活、各种节日或迎神喜典应运而生。在这些节庆中，人们为了所求生活平安详宁，以神或瑞兽来驱鬼娱神演变下来，这种形式便渐渐具有娱乐民间的意义。

随着人们对狮子的喜爱，就不满足于立门墩、屋檐、石栏、印章、年画上静止的狮子艺术形象。他们要让狮子活起来，于是他们便创造了模拟狮子行为的舞蹈，再加以改进和发展成为中华民族的一门独特艺术。

民间舞狮活动虽然由来已久，但这门艺术起源却是众说纷纭。行家遍翻群书，追根到底也只能从各种记载中悟出一些头绪，这又包括种种的传说。

舞狮的不同起源说

（1）汉代起源说

相传汉章帝时，西域大月氏国向汉朝进贡了一头金毛雄狮子。使者扬言朝野，若有人能驯服此狮，便继续向汉朝进贡，否则断绝邦交。在大月氏使者走后，汉章帝先后选了三人驯狮，均未成功。后来金毛雄狮狂性发作，被宫人乱棒打死。宫人为逃避章帝降罪，于是将狮皮拔下，由宫人兄弟俩装扮成金毛狮子，一人逗引起舞，此举不但骗过了大月氏使臣，连章帝也信以为真。此事后来传出汉宫，老百姓认为舞狮子是为国争光、吉祥的象征。于是仿造狮子，表演狮子舞，舞狮从此流行。

第四章 畅谈狮子文化

（2）北魏起源说

舞狮作为表演艺术，相传成形于一千五百年前的北魏时代。当时北部匈奴侵扰作乱，他们特制木雕石头多具，用金丝麻缝成狮身，派善舞者到魏进贡，意图舞狮时行刺魏帝。幸被忠臣识破，使他们知难而退。后因魏帝喜爱舞狮，命令仿制，务使得以流传后世。杨炫之《洛阳伽蓝记》记述当时洛阳长秋寺佛像出行时，有"辟邪狮子，引导其前"的话。

（3）唐代起源说

在碑史中有关于唐明皇游月殿，狮子舞使由唐明皇游月殿后一觉醒来而有醒狮舞。这故事说当唐明皇游月殿时，在阶前出现一只五彩缤纷、阔口大鼻的独角兽，但对着唐明皇并没有恶意，且在阶前滚球，姿态威武。唐明皇醒后要重睹这一现象，他要近臣照他梦境中的瑞兽模仿出来，同时由乐部配以雄壮的锣鼓编舞娱宾。自此之后，舞狮便流入民间。唐《立部伎》中的《太平乐》也称《五方狮子舞》。唐代著名诗人白居易就有诗云："假面胡人假狮子，刻木为头丝作尾。金镀眼睛银贴

动植物百科——狮子　115

科普知识博览

齿,奋迅毛衣摆双耳"(《西凉伎》)。可见唐代已有狮子舞。

到了唐朝,舞狮子已发展为上百人集体表演的大型歌舞,还作为燕乐舞蹈在宫廷表演,称为"太平乐",又叫"五方舞狮子"。当时的舞狮子,还流传到了日本。日本的一幅"信西古乐图"中,就画有古代的日本奏乐舞的场面,与唐代的相似,只是规模小得多。唐代以后,舞狮子在民间广为流传。

宋代的《东京梦录》记载说,有的佛寺在节日开狮子会,僧人坐在狮子上做法事、讲经以吸引游人。

明人张岱在《陶庵梦忆》中,介绍了浙江灯节时,大街小巷,锣鼓声声,处处有人围簇观看舞狮子的盛况。

(4)国际上广泛认同的佛山起源说

在远古时候,广东南海郡佛山镇忠义乡出现奇兽,身长八尺,头大身小,眼若铜铃,青面獠牙,头生一独角。这头奇兽于除夕晚出现,来去如风,专门破坏民间农作物包括稻米、蔬菜等。村民乡众不胜其烦,因它每逢过年时就出现,于是人们称之为"年兽",乡民们就商议消灭"年兽"。有智者献议,用竹篾及纸,扎成奇兽的形状并涂上彩色。以各种

第四章 畅谈狮子文化

形状的布如方形、三角形织成兽身,再集勇士十数人,持锅等打得响的器具,并由一人手持双菜刀,立于一圆砧旁准备敲打。他们埋伏于一桥下,该处为年兽必经之地。

当年兽出现时,众勇士一涌而出,击打乐器发出"锵锵"及"咚咚"之声,如雷贯耳。年兽见了,觉得惊骇而落荒而逃,从此销声匿迹,不复出现。为了庆祝驱赶年兽成功及纪念纸扎兽头的功劳,村民便于春节将它拿出来舞动。有的人更建议把它命名为舞狮,因为狮是兽中之王,勇猛的代表,吉祥的象征。有的也称为舞圣头。

乡民除了在新年期间舞狮,也在神诞或庆典上表演,以增加热闹的气氛。舞狮时的乐器便改为锣鼓,配以一定的节奏。各处常见于迎神赛会上作参神拜户之用,其意思是能镇宅旺宅、使鬼神降优、合境安宁、五谷丰收。

北狮

北狮造型逼真，动作灵活。中国舞狮以北狮起源最早，相传当年胡人俘虏为北魏武帝献艺，胡人托木雕兽头、身披兽衣，伴乐起舞于御前。武帝叹为观止，于是赐名为北魏瑞狮并恩准俘虏回国。自此，狮子舞就在北方流传开来，遂有北狮之称。

最初北狮在长江以北较为流行。北狮的造型酷似真狮，狮头较为简单，全身披金黄色毛。舞狮者（一般二人舞一头）的裤子，鞋都会披上毛，未舞时看起来已经是惟肖惟妙的狮子。狮头上有红结者为雄狮，有绿结者为雌性。北狮表现灵活的动作，与南狮着重威猛不同。舞动则是以扑、跌、翻、滚、跳、跃、擦等动作为主。

北狮一般是雌雄成对出现，由装扮成武士的主人前领。有时一对北狮会配一对小北狮，小狮戏弄大狮，大狮弄儿为乐，尽显天伦。北狮表演较为接近杂耍，配乐方面，以京钹、京锣、京鼓为主。

河北是北狮的发祥地。徐水县北里村狮子会创建于1925年，以民间花会形式存在，中华人民共和国成

第四章 畅谈狮子文化

立后得以迅速发展。徐水舞狮的活动时间主要在春节和春季寺庙法会期间。小狮为一人舞,大狮为双人舞,表演时由两人前后配合。前者双手执道具戴在头上扮演狮头,后者俯身双手抓住前者腰部,披上用牛毛缀成的狮皮扮演狮身,两人合作扮成一只大狮子,称太狮;另由一人头戴狮头面具,身披狮皮扮演小狮子,称少狮;手持绣球逗引狮子的人称引狮郎。舞狮人全身披包狮被,下穿和狮身相同毛色的绿狮裤和金爪蹄靴,人们无法辨认舞狮人的形体,因为它的外形和真狮极为相似。引狮郎在整个舞狮活动中具有重要作用,他不但要有英雄气概,还要有良好的武功。

引狮人以古代武士装扮,手握旋转绣球,配以京锣、鼓钹、逗引瑞狮。狮子在"狮子郎"的引导下,能表演"前空翻过狮子""后空翻上高桌""云里翻下梅花桩"等高难动作。引狮郎与狮子默契

配合,形成北方舞狮的一个重要特征。徐水舞狮的基本特征是外形夸张、狮头圆大、眼睛灵动、大嘴张合有度,既威武雄壮,又憨态可掬。表演时能模仿真狮子的看、站、走、跑、跳、滚、睡、抖毛等动作,形态逼真,还能展示"耍长凳""梅花桩""跳桩""隔桩跳""亮搬造型""360度拧弯""独立单桩跳""前空翻二级下桩""后空翻下桩"等高难度技巧。

徐水舞狮在中国民间艺术表演中占有重要地位。1953年,曾到首都北京参加中国民间艺术汇演,并代表国家多次出访演出。曾在罗马

尼亚首都布加勒斯特举行的"第四届世界青年联欢节"的比赛中获一等奖。河北省杂技家协会于2001年10月正式命名北里村为"杂技舞狮之乡"。目前,由于舞狮道具昂贵、培养新人不易等原因,徐水舞狮面临传承危机,亟待有关部门加以抢救、扶持。

舞狮最具代表性,其中佛山南海是南狮的发祥地。南狮主要是靠舞者的动作表现出威猛的狮子型态,一般只会二人舞一头。狮头以戏曲面谱作鉴,色彩艳丽,制造考究;眼帘、嘴都可动。严格来说,南狮的狮头不

南狮

1840年鸦片战争前,有人曾比喻中国是一头熟睡百年的雄狮,为了唤醒沉睡的雄狮,于是就有了醒狮这一说法。在南方的许多建筑中我们还经常可以看到狮子的形象,门上,屋前,檐角,都有各具形态的狮子把守,神态万千、威武庄严。

南狮又称醒狮,造型较为威猛,舞动时注重马步,刚猛逼人。南狮泛指流传于南方的舞狮,分为文狮、武狮和少狮三大类,以广东等地的

第四章 畅谈狮子文化

太像是狮子头,有人甚至认为南狮较为接近年兽。南狮的狮头还有一只角,传闻以前会用铁做,以应付舞狮时经常出现的武斗。

南狮的起源众说纷纭。据记载,古代瘟疫流行,死人无数,一头独角兽出现后,瘟疫随之消失。此后,民间每逢秋收后或节日等,便仿制独角兽,涂上色彩,配合九锣大鼓,到各家门前舞动,以作辟邪。此乃南狮起源的传说之一。

(1) 南狮狮头

南狮的狮头一般上可分为鹤山装狮和佛山装狮。

佛山装狮的狮头较大而圆,额位宽而有势,嘴较平阔;而鹤山装狮的狮头较扁而长,嘴突出如鸭嘴状,因此内行人又称之为"鸭嘴狮"。

传统上,南狮狮头造型上有"刘备狮""关羽狮""张飞狮"之分。三种狮头,不单颜色、装饰不同,舞法亦根据三个古人的性格而异。

(2) 南狮舞法

南师的舞动造型很多,有起势、常态、奋起、疑进、抓痒、迎宝、施礼、惊跃、审视、酣睡、出洞、发威、过山、上楼台等等。舞者通过不同的马步,配合狮头动作把各种造型抽象地表现出来。故此南狮讲究的是意在和神似。南狮有出洞、上山、巡山会狮、采青、入洞等表演方式,当中"采青"最为常见。相传"采青"

原来是有"反清复明"之意,现时一般是取其彩头,有"生猛",生意兴隆的象征。"青"用的是生菜,把生菜及利市(红包)悬挂起来,狮在"青"前舞数回,表现犹豫,然后一跃而起,把青菜一口"吃"掉,再把生菜"咬碎吐出",再向大家致意。为了增加娱乐性,"采青"有时还会用上特技动作,例如上肩(舞狮头者站在狮尾者肩上)、叠罗汉、上杆(爬上竹杆),或者过梅花椿(经过高低不一长木椿)等。

舞南狮时会配以大锣、大鼓、大钹,狮的舞动要配合音乐的节奏。传统上,在舞南狮有时还会有一人扮作"大头佛",手执葵扇带领。舞狮之前通常还会举行"点睛"仪式。仪式由主礼嘉宾进行,把朱砂涂在狮的眼睛上,象征给予生命。

(3)南狮技艺

南狮动作大而威猛,造型夸张浪漫,讲究神韵。舞狮者两脚着地,狮头和狮尾分开,各由一名演员摆弄,配以大锣、大鼓、大钹等,鼓乐雄壮,闻之令人振奋。传统的南狮技艺有"出洞""上山""巡山会狮""采青""入洞"等,"采青"难度较高。采青有采高青、地青、水青、蟹青、凳青和桥青等。其中采高青又名"企

第四章 畅谈狮子文化

膊"(站在肩膀上),最为高难。后来发展到在2米多高的梅花桩上跳跃,一边舞耍动作,直至将挂在桩上的"青"采下来。这些高难动作都需要技艺。

(4)南狮比赛

南狮比赛种类可分为高桩狮艺竞赛和传统狮艺竞赛,其中较主流的为高桩狮艺的比赛。马来西亚、中国大陆、香港、澳门和美国等地,每年都会举办世界性的醒狮大赛。而较有著名的国际比赛有两年一度在马来西亚举行的云顶世界狮王争霸赛。

(5)南狮的光彩

由于香港电影的影响,南狮流派的一位代表人物随之深入人心,此人便是一代武学宗师黄飞鸿。黄飞鸿将民间传统艺术醒狮进行挖掘、整理、刻苦训练,在原有的南派醒狮技艺的基础上,吸收融入武术舞狮的技艺,由高桩醒狮、民间武术梅花桩与南派民间醒狮套路相融合,

并汇入当地民间风格特色,技艺高难,编排巧妙,融舞蹈、武术、杂技、力度、美学于一体,形成新一派醒狮。黄飞鸿狮艺表演项目有传统鼓点表演(七星鼓或三星鼓)、现代醒狮表演(狮上高桩采蛇青、飞鸿八星阵等)、传统地狮表演或群猜表演(龙门表,竹梯青等)、舞龙功夫表演。

佛山尚武,其武术历史悠久,以前很多武馆都有舞狮子,武馆大家互相交往,也不一定都

拿手出来大家进行较量。但是通过舞狮子,可以看到武馆的功架是怎么样的。舞狮子很讲究,特别是南派,要求腰、桥、马、肩、胯、腕,比如说舞狮子的时候的腕力及腰力等。

舞狮者的着力点是脚,支撑点是手,双脚控制身体的平衡,双手控制狮头的平衡。而保持两个平衡的关键就在于中间的用力点——腰部。如果用两个三角形来表示,那就是在两脚和狮头与腰部之间形成了两个类似三角的支撑。三角形的稳定性是最好的,掌握了用力点这个技巧,舞狮才能应付自如。而这个三角支撑其实就是马步功夫在舞狮中的运用,武艺高强的人在舞狮时就能充分地发挥三角支撑的作用而显得举重若轻,从容不迫。

黄飞鸿喜欢舞狮,而且他舞狮的最大特点是叫飞陀,好像是一个绳镖式的东西,前面有一块东西,后面就是绳子,采青很高,没办法拿得到的时候,他就用飞陀把那个青给勾下来了。

1911年,已经64岁的黄飞鸿仍然热衷于舞狮表演。但在一次表演中不小心将布鞋舞掉,飞出身外,正好击中了在台下观看的19岁的莫桂兰,为表达歉意,黄飞鸿事后专门登门道歉,却因此成就了一桩老少姻缘。没想到舞狮成就了黄飞鸿与莫桂兰的这桩老少姻缘。

现今南北狮两大流派已经逐渐实现互补有

第四章　畅谈狮子文化

无、共同发展的良性循环。例如，以刚猛为主的南狮已经吸纳北狮活跃的特点，被称之为"南狮北舞"。

线狮

"舞狮"许多人都见过，但通过丝线控制狮子的动作和表情则鲜为人知，这就是宁德霍童线狮。当地人称之为"打狮""抽狮"，是一种独特的民俗游艺表现形式，也是一种具有独特风格的乔装动物的杂技节目。

线狮源于明嘉靖39年，由民间的单狮表演演变为现在的三狮表演。线狮主要通过头索、尾索及腮索拉动，使表演台上的线狮坐立、蹲卧、摆首等，做到诙谐轻巧、动静结合。更奇特的是线狮能含球、吐球，加上灯光变幻、吐云喷火、打击乐强弱等配合，线狮百态千姿，栩栩如生。

动植物百科——狮子　125

大的线狮重 40 多斤，小的线狮也有 20 多斤，宁德霍童线狮曾多次参加省内外及港澳的文艺演出，取得优异成绩，受到观众的喜爱和好评。

（1）线狮的特色

据历史传说，隋代谏议大夫、开山大祖黄鞠公曾为霍童灌溉村田，造福子民，当地以举办"二月二"灯会的方式来纪念他，线狮表演是"二月二"灯会中最具特色的节目之一。明代中后期以来，霍童线狮成为当地节庆文化的重要组成部分。

线狮表演之前，从舞台制作、灯光效果配置到绳子布局均由人工操作。绳索的穿结是线狮表演的关键环节，每一个穿孔动作都必须细致认真。线狮所衔的球精致灵巧，大球网筐内套有旋转自如的小球，小球配有灯光，在夜里闪闪发光，犹如点点繁星。狮子全身由多种材料制成，以竹篾为框架，里面填充棉花、布料、橡胶等，狮毛则用特殊的彩色塑料丝制成。经过历代民

第四章 畅谈狮子文化

间艺人的改革，线狮的体积从最初的小如木偶发展到现在的庞大沉重，结构由简单变得复杂，制作工艺也得到了很大的发展和完善。

线狮不但制作工艺复杂，表演起来更要过人的技巧。表演者站在台后提绳子，人距离狮子少则5米，多则超过10米。数十位训练有素的线狮艺人得分成数组，每组中一人为主，其他人为辅，配合无间；舞狮者以不同的节奏或频率拉扯绳索，表演出狮子的各种动作神态；舞狮者不但要有熟练的技巧，更要有充沛的体力。

霍童线狮通过绳索操纵狮子表演各种动作，集文功、武功于一身，其表演有单狮（雄）、双狮（一雄一雌）、三狮（一母二子）、五狮（一母四子）4种形式。

线狮表演最早是沿途行进，边走边舞，后转为固定台表演。经过历代民间艺人的实践性创造，线狮的表现力越来越丰富，能表演坐立、蹲卧、苏醒、伸展、登山等各种不同姿态，仅狮子戏球就有寻球、追球、得球等动作。狮子所有的这些动态表演，全凭艺人们集体的操纵和密切的配合加以实现。

（2）线狮的价值

霍童线狮不仅拥有丰富的表演内容，还具有一套独特的传承方式，有传男不传女的家族传承特点，由此而导致了后继乏人的情况。在民俗文化地位上，霍童线狮堪称中华绝活，由于它具有的一定的稳定性，使得线狮文化不仅拥有丰富的内容，还具有发展性。

独特的风格、奇妙的技巧，使霍童线狮成为当地老百姓心目中首屈一指的民间绝技。早在1945年，宁德城关群众就把霍童线狮请去巡街表演，庆祝抗日战争胜利，对祖国"睡醒的东方雄狮"

寄予厚望。1956年，霍童线狮参加全省群众业余文艺汇演，当即轰动省城，荣获创作奖、表演奖；1988年中央电视台播放霍童线狮专题节目，誉之"堪称一绝"；1991年参加"中国旅游艺术节暨广州欢乐节"，表演27场，观众达23万人次；1996年应澳门市政厅福建同乡会邀请赴澳演出7天，场场观众爆满。2006年，霍童线狮被列入国家首批非物质文化遗产。

醉狮舞

中国历史传统的武术中有醉拳、醉剑等特殊技艺，而醉龙舞、醉狮舞则是中山历史上传统的民舞技艺特色之一。醉狮舞与宗教传统有关，源出于佛教的"狮子会"和四月八浴佛节。

每逢四月八或九月重阳时候，就会兴起舞醉狮，舞醉狮是无狮路而言的，用太极和醉拳的套路步子作狮步，狮艺上较多采用滚动和跳跃的动作，要求舞狮尾的人更要武艺高强，以保护舞狮头者。在鼓点上采用不规则的敲击，以舞狮者的狮步为准，极少有采青的狮艺出现，也由于以"醉"字为主。所以，经常是舞完醉狮后，都要换狮头。这一独特的狮艺，解放后逐渐少流传，而所见的醉狮舞，多是年长的、武术功底较强的长者。

第四章　畅谈狮子文化

我国的石狮文化

石狮子就是用石头雕刻出来的狮子,是在中国传统建筑中经常使用的一种装饰物。在中国的宫殿、寺庙、佛塔、桥梁、府邸、园林、陵墓以及印钮上都会看到它。但是更多的时候,"石狮"是专门指放在大门左右两侧的一对狮子。在漫长的历史年代中,这些石狮子陪伴着沧桑巨变,目睹着朝代的兴衰更替,已成为中国古建筑中不可缺少的一种装饰物。

古代建筑前摆放的石狮

中国古代的各类建筑物前,如宫殿、衙署、陵墓、寺庙、园林、桥梁等,总会左右各摆放一对石雕的狮子。在古籍也有记载,如清朝朱象贤《闻见偶录》:"今宫殿衙署门外左右,所峙石兽,卷发巨眼,张吻施爪,俗称为石狮子。"

那么,为什么古代建筑前常摆放一对石狮子呢?

狮子体壮威猛,毛呈棕黄色,

雄狮颈部有长毛，吼声洪大，产于非洲和亚洲西部。常捕食斑马、长颈鹿、羚羊等大型动物，有"兽王"之称。狮子的原产地并非在中国，怎么会出现在中国呢？

据文献记载，狮子之所以进入中国，源于汉武帝派遣张骞出使西域，打通中国和西域各国的往来。如《后汉书·卷八十八·西域传》载："章帝章和元年，（安息国）遣使献师（狮）子、符拔。符拔形似麟而无角。"意思是说，东汉章帝章和元年，安息国派遣使者送来狮子和符拔（一种形状像麟而无角的动物）。

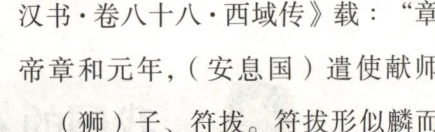

随着佛教东传中国，狮子逐渐取代了兽中之王——老虎的地位。在宋僧道原所撰《传灯录》上载："佛祖释迦牟尼降生时，一手指天，一手指地，作狮子吼曰：'天上天下，惟我独尊'。"后来"狮子吼"被用来比喻佛陀说法时发出的声音很大，具有震慑一切外道邪说的神威。而狮子在佛教中地位也更加重要，被佛教徒视为吉祥庄严的神兽。

由于人们对狮子的推崇，狮子在人们心目中是尊贵而威严的瑞兽，因此很快就成为中国雕刻艺术的题材。于是，汉唐时期的

帝王陵墓、豪门贵族坟园，开始有了石狮子的踪影。此时，石狮子的使用并不普及，只出现在陵寝坟宅之前，经常与石马、石羊等石像一起摆放，目地是让人产生敬畏之心。

唐宋以后，石狮子被民间广泛使用，大门前置放石狮子就像在门上贴门神一样，都是用来作为守护门户，驱除邪灵鬼怪，既美观又寓有纳福招祥瑞之意。每个朝代石狮的造型不一，但到清朝时，石狮的雕刻基本上就定型了。汉唐时石狮子造型强悍威猛，元朝时体瘦而雄壮有力，明清则较为温驯。

不同时代石狮子的雕刻呈现不同的特点，也显示出不同的地方特色。因此，石狮子还有南狮北狮之分。北狮雕塑朴实，外观较雄猛威严；南狮雕饰繁多，外观较活泼有趣。

古人认为万物皆有阴阳之分，

讲究阴阳协调，所以石狮子的摆放也有一定规矩。通常是一雄一雌，双双对对，左雄右雌，符合男左女右的阴阳学说。石狮子在民间有辟邪作用，一般用来守门。往往摆放在大门左侧的雄狮，通常雕塑造型是足下踏一绣球，象征权力无限；右侧雌狮则是足下依偎着一幼狮，象征子孙绵延。

古人历来把石狮子视为吉祥的象征，除了用来镇宅辟邪，在中国传统建筑中也是经常使用的一种艺术装饰品。如北京卢沟桥雕有四百多个石狮子，这些石狮大小各异，有雄有雌，姿态各殊，生动灵活，栩栩如生。

石雕中守门狮的由来

我国历来把石狮子视为吉祥之物。在中国众多的园林名胜石雕雕刻中，各种造型的石狮子随处可见。古代的官衙庙堂、豪门巨宅大门前，都摆放一对石狮子用以镇宅护院。直到现代，许多石雕建筑物大门前，还有这种安放石狮子镇宅护院的遗风。石雕狮子何时走向民间，成为守卫大门的神兽，这种习俗大约形成于唐宋之后。从宋清两代搜集的周代铜器的精绘印本中，已有石雕狮子的立体形象。

唐朝京城的居民多居住于"坊"中，这是一种由政府划定的有围墙、有坊门便于防火防盗的住宅区。其坊门多制成牌楼式，上面写着坊名字。在每根坊柱的柱脚上都夹放着一对大石块，以防风抗震。工匠们在大石块上雕刻出狮子、麒麟、海兽等动物，既美观又取其纳福招瑞的吉祥寓意，这是用石狮子等瑞兽来护卫大门的雏形。宋元以来，坊退出了历史舞台，一些有钱人家为了张扬自家的声势，便把原来坊门的样式简化，改造为

第四章　畅谈狮子文化

门楼，仿像原来坊门所用的夹柱石那样，将石狮等瑞兽雕刻在柱石上，此风被保留下来相沿成习。史书有明确记载"都中显宦硕税之家，解库门首，多以生铁铸狮子，左右门外连座，或以白石民，亦如上放顿。"这是关于我国看门石狮出现时间的最早也是最详细确凿的记录。可以认定，元代是我国看门石狮由宫廷走向民间的肇始。我们看到的看门石狮多蹲在一块大石雕成的台座上，这明显是由原来的夹柱石演变而来的遗迹。

用石狮子摆在大门前有何作用呢？民间流传有四说：其一，避邪纳吉。古人认为石狮子是可以驱魔避邪，所以最早用来镇守陵墓。这种人们心目中的灵兽，也被称作"避邪"。在人们的民俗生活中，石狮子不仅用来守卫大门，还有在乡间路口设立石狮子与"石敢当"有同样的功能，用以镇宅、避邪、禁压不祥和保护村寨的平安。所以，用石狮子来把大门可以避凶纳吉，抵御那些妖魔鬼怪之类带给人们的侵害，表现了人们祈求平安的心理要

求。其二，预卜洪灾。在民俗传说中，说狮子有预卜灾害的功能。说如遇有洪水泛滥或陆地沉没等自然灾害，石狮子的眼睛就会变成红色或流血，这是征兆灾害就要来临了，人们可以采取应急避难。在这里石狮子俨然成了灾难的预言家。其三，彰显权贵。古代在宫殿、王府、衙署、宅邸多用石狮子守门，显示了主人的权势和尊贵，如北京天安门前金水河畔的两对威风凛凛的守卫皇城大门的石狮子就体现了皇权至尊、威震八方神圣不可侵犯的意味。其四，艺术装饰。石狮子还是古代建筑物不可缺少的装饰品。

石狮的形态

我国一些古建筑中的石狮子，造型夸张，刻工精细，雄伟庄严，神态逼真，栩栩如生，令人赞叹不已。

狮子的造型在不同的朝代有不同的特征，汉唐时通常强悍威猛，元朝时，身躯瘦长有力，明清时，较为温顺。清代，狮子的雕刻已基本定型，《扬州画舫录》（1795年作）中规定："狮子分头、脸、身、腿、牙、胯、绣带、铃铛、旋螺纹、滚凿绣珠、

第四章　畅谈狮子文化

现今看到的石狮子，有走狮和卧狮两类。"走"则似雄风穿谷，"卧"则有腾跃之势。和真狮比起来，更显得美态可掬。"九斤狮子十斤头"，石狮子的头部是相当大的。脑门宽阔隆起，天庭饱满，下颌裂开，地阁方圆。眼窝深，眼球鼓，鼻根深陷，张嘴似欲吞欲笑，多呈憨态。毛发呈卷曲纽状，自然地附着颈项部，更显得威而不怒，猛而不残。石狮有雌雄两种：雄狮口含圆珠，耳呈叶状，两边超过卷毛高度，毛发卷曲很有规律，布满了耳、颈部。有时脚蹬绣球，表示其性贪玩耍。而雌狮身上多背小石狮子，或足下踩小石狮，表示一种"母爱"，很有情趣，一般情况下，门左置雄狮，门右置雌狮。

出凿崽子。"

石狮不仅有不同的时代特点，还有明显的地域特色。总体上，北方的石狮子外观大气，雕琢质朴；南方的石狮更为灵气，造型活泼，雕饰繁多，小狮子也不仅在母狮手掌下，有的爬上狮背，活泼可爱。

石狮的相关知识

古人对石狮的形态和安放位置等很有些讲究，大门两侧石狮昂头前视，其他门则是回首相望。古狮口角的飘带以及颈脖上佩带的项饰表示被驯服之意，相貌威严、傲然端坐、足踏绣球、口含珠者为雄狮，略作蹲态，抚弄着活泼可爱的幼狮，给人以温驯之感的为雌狮，一般是雄狮居右，雌狮居左。

"十斤狮子九斤头，一双眼睛一张口"，狮子雕刻者们一般凭着代代相传的口诀再加以想象和发挥来创作。

"狮滚绣球"越过越富有。指狮子立于门头，表示地位崇高。

"瑞祥神兽"指以"狮"构图。寓意三司同心，国政和顺。

"狮守护神"指左爪下有一个绣球，而母狮的右爪下是一个幼仔。寓意吉祥喜庆。

"守护镇宅"指右边是雄狮，左边是雌狮，人们用以驱邪辟祟，是镇宅神兽。寓意官运亨通，飞黄腾达。

第四章 畅谈狮子文化

石狮的形象艺术

石狮子的形象,随着历史的演进而变化。汉代瘦长颈健,魏晋时体态趋向短小,隋唐以后,随着政治、经济、文化的发展,石狮子的体形也雕刻得雍荣华贵,"富态"起来。南宋时期,它也变得妩媚有余而威武不足了,明代随着向海外的开发,石狮雕刻工整,形象威武,咄咄逼人,清代沿袭了明代雕刻之风。

石狮子的形象大抵和民间杂技中狮子有关。晋人王嘉撰《拾遗记·周》中记载了舞狮子的杂技:"七年,南陲之南,有扶娄之国。其人

善能机巧变,易形改服,大则兴云起雾,小则入手纤毫之中。缀金玉毛羽为裳。能吐云喷火,鼓腹则如雷之声,或化为犀象、师(同狮)子、龙、蛇、犬、马之状……备为百戏之乐。"这一段关于周朝七年杂技艺术的描绘,确切说明当时已盛行舞狮子一类了。到了北魏时期,民间风俗还称狮子为"避邪"。以此推测,门宅前设置石狮子,很可能有两个用意:一是为了镇宅祛邪,护法守卫;二是为了美化环境,成了建筑设计

的一个组成部分。

石狮子在封建社会多在宫廷、官邸、富豪之家以及民间庙宇、桥梁建筑中设置，细推究起来，它又和佛教有关。在《洛阳伽蓝记》中，有一节拒绝长秋寺浴佛节的情形，说的是公元500至515年间，释伽牟尼生日时骑着白象，有避邪狮子在前面开路。这种活动叫"走会"。狮子的形象装扮得特别威严。佛教中把狮子作为护法神看待。这在《佛说太子瑞应经》里说的更明白："佛初出时，有五百狮子从雪山来。侍到门前，故狮子乃为护法者。"又因为汉代时，民间认为狮子象征吉祥，神话传说又认为狮子是避邪神兽。所以在汉代墓门石阙外出现了雕刻类似狮子形象的一种兽，称为"石避邪"。自此，民间门前、墓地也设置石狮子了。

从晋南地区现存的古代建筑来看，不管是解州关帝庙，蒲县的东岳庙，临汾的尧庙还是明代的高河桥（临汾城北），以及明清两代的襄汾县丁村民宅等等，石刻狮子皆成了这些古代建筑中不可缺少的装饰物。

高河桥的栏杆柱头的石狮子，有仰有卧，有嬉戏，有撕斗，塑造得生动活泼，富有个性，构成了群狮的立体图卷。把整个石桥装饰得十分壮观，使行人流连忘返。

襄汾丁村的石狮子，更巧夺天工，精细纯朴，体态优美可亲，其数量之多，不可胜数。不但在房门前设置石狮子，就是在民宅的柱基石上，古代民间雕刻

第四章 畅谈狮子文化

巧匠们也要在上边大作文章。他们在精心设计的石鼓上雕刻着体态各异、变化多端的小石狮子,这些狮子有的滚绣球,有的亲昵地撕滚在一起,有的互相追逐,这些可爱的小石狮子和民间传统图案有机组成一组组小群雕,在构图上起伏有序,达到了既有变化又有统一的艺术效果,狮子的形象都富于人格化,每个天真活泼的石狮子都成了房主的"护法者"。

丁村建筑群中的拴马桩,在研究石雕中也是不可忽视的,拴马桩雕的狮子塑造得粗犷、简练、概括,远看是个石桩,走近才能看出是狮子,从这里可以体会到古代石雕巧匠们是如何将装饰和实用巧妙地结合在一起的。

这些石雕和房檐上的精美木雕,在整个建筑中,异曲同工,浑为一体,使木雕、石雕统一在建筑设计的总构思中。

从雕刻的手法上来看,把浮雕、透雕、平面雕有机地结合在一起,得心应手,完美无缺。同时,大量地应用疏密不同的曲线条,表现了质感和动感,增强了艺术的感染力。这些技艺精湛的石雕瑰宝,为中华民族古代雕刻艺术精品谱出的交响诗中,增添了音调铿锵的新篇章。

在建设社会主义精神文明的今天，美化城市、美化乡村的任务已提到日程上来，对古代石刻艺术应给予应有的重视和研究。然而要把古代的石刻艺术品原封不动地搬到现代化的建筑上作装饰，显然是不符合新的审美要求的。但是，要想创造新型的符合我国民族的审美情趣的石雕艺术，并使其为美化现代生活服务，我们的艺术家们是会从研究古代的石刻艺术中得到营养和启迪的。

真实写照，而这恰恰能给品牌传播的受众带来强烈的共鸣。

民间石狮的形态和传说可以说是无穷无尽，却都和吉祥、喜庆紧紧相连。在内地古镇，有这样耳熟能详的民谣："摸摸石狮头，一生不用愁；摸摸石狮背，好活一辈辈；摸摸石狮嘴，夫妻不吵嘴；摸摸石狮腚，永远不生病；从头摸到尾，财源广进如流水。"石狮被奉

石狮的文化内涵

几千年来，在中国的民族文化里，石狮一直是守护人们吉祥、平安的象征。它不畏寒风烈日，脚踏实地，始终如一地与人们忠诚相伴。它高贵、尊严，极具王者风范；它威武、吉祥，被奉为护国镇邦之宝。这正是石狮无论历史变迁、无论何时何地，始终守护人们吉祥平安的

第四章 畅谈狮子文化

为中国人的"守护神"。石头本来是冰冷没有感情的,可用石头雕刻的狮子却一直传承着吉祥如意、平安祥和的寓意。

"太狮少保"以大狮与小狮构成,大狮与"太"音似。太师是朝廷中的最高官阶;小与少音相似。寓意王府的侍卫兽,是权威的象征。

农家用来镇宅辟邪的,称之为"镇山狮子";用来拴住出生百日孩子的,称"拴娃娃狮子",兼有保佑长命富贵的意思;摆放在柜桌上的,则称"来财狮子"。在造型表现上,镇山狮子要凶,拴娃娃狮子要笑,但都强调一点,即和人的联系,因为石匠们认为和人没关系的狮子就没有艺术性。

石狮背上骑有人,手捧元宝,作嬉戏状,名为"八蛮进宝";石狮背后的配饰是八宝之一的古钱形,为吉祥的象征;另外由于"狮"与"事"谐音,所以两头狮子表示"事事如意";狮和瓶相配,表示"事事平安";狮和钱相合,表示"财事";狮子配绶带,表示好事不断;雌雄狮成对,并伴有小狮的,表示"子嗣昌盛";狮身人面以人首象征精神,狮身象征物

质力量等。

北京卢沟桥的东端就用两只大石狮镇守栏杆,不仅桥两头华表柱头上刻有石狮子,有的石狮子身上还负藏着几只小狮子。这些石狮有雄有雌,有大有小,神情活现,穷极工妙,最小的狮子仅有几厘米,不但数目众多,而且隐现无常,所以有"卢沟桥的狮子数不清"这俗语。1962年,北京文物工作者对卢沟桥的石狮子进行编号,终于数清了共有石狮485个。卢沟桥因石狮子而名扬四海,成为建筑艺术的精品。到明清以后的石狮子多在爪子下面踏着一个"绣球",雌狮脚下往往还踩着一个幼狮。民间也有狮子滚绣球的绘画和图案,这无非表示娱乐升平和人间爱恋之象征意义,体现了人们趋向太平祥和的美好愿望。

第四章 畅谈狮子文化

顺陵石狮

中国古代的石狮一直是一种压邪镇魔的瑞兽。狮子原产于非洲、南美和西亚。自汉武帝派遣张骞出使西域后,狮、象、孔雀等作为贡品而相继传入中国。东汉以后,由于佛教在我国的传播、盛行,狮子作为护法的灵兽,在佛教洞窟艺术中出现。自隋唐时期开始,石狮雕刻成为守护在陵墓前的一个雄强威武的角色。

在唐高宗与武则天的合葬墓乾陵(位于陕西省乾县西北的梁山),石蹲狮的造型如金字塔,两足前伸,斜撑着巨大的躯体,圆睁的双目与微启的方口显示着雄视一切的气魄。然而就唐代陵墓雕塑中的狮子形象来说,最有代表意义,最为杰出的则是顺陵的石立狮。

顺陵是武则天之母杨氏的陵墓,位于陕西省咸阳市附近。在陵墓南面的前门外有一对巨大的石立狮,其中左侧的一躯最为杰出,人们一般所说的"顺陵石狮"指的就是这件作品。这座石立狮高3.05米,长3.45米,座高0.4米,狮与座都是用一块巨石雕成。石狮作阔步前进的姿态,昂首挺胸,张口怒吼,气势极为豪迈雄强。但雕刻匠师们并非只是强调外在的动态,而是更为巧妙地把石狮处理为狮子在阔步行进中稍作停顿,头部微微转向右侧,正是昂首四顾的瞬间。这种动中有静、威猛中有安详的形态体现了雕塑艺术中高度的概括手法,具有强烈的感染力。

把石狮设置于陵墓前，既有守护之意，也是陵区建筑空间布局中的一种装饰，以加强陵墓建筑群神圣、尊严、凛然不可侵犯的气氛。因而并没有摹拟自然界狮子的生理结构和凶猛的野性，而是最大限度地夸张它的粗壮浑厚的形体，如以单纯洗炼的整体感雕凿出生动有力的外轮廓。为了突出表现狮子的威猛，还特别强调了狮子的粗壮、锐利的脚爪。当你站在它面前仰首观看时，不能不被那种气吞山河的威武气概所征服。

到了元代、明代以后，狮子雕刻更广泛地安置于庙堂、宫殿、住宅的门庭前，但大多已经没有了威武雄壮的气势，而趋于玲珑秀媚，作吉祥喜庆的装饰了。值得指出的是，在过去的旧中国，还出现过一种非常写实、逼真的狮子形象，如上海市政府大楼（解放前的汇丰银行）前的两座铜狮子，在气势上和艺术审美上，更是无法与唐代顺陵石狮相比。

关于狮子的饮食文化

从历史上看，华夏文化的狮子是芸芸众生喜闻乐见的形象，普及城乡，妇孺皆知，极大地丰富了中国民俗的文化内容。举其著者，则有糖狮和雪狮等。这些唐宋时代的遗风余韵，到现代仍传承未废，是值得加以回顾的。

糖狮

中国的饮食文化，不仅讲究色香味，而且非常重视造型美。作为吉祥形象之一的狮子，自然就与饮食文化结合产生了很多饮食品种，其中糖狮就是一例。

糖狮是"兽糖"中的一种，《后汉书》：以糖作狻猊形，号糖狻猊。狻猊与狮在外形上十分相似，而以糖作动物形当是当时之习俗，因此糖狮应是糖狻猊的遗作，北宋时汴京（开封）的饮食店已经出售"狮子糖"。明代宋应星《天工开物》卷上"造白糖"法中对糖狮有详细记载。清代糖狮风靡江南各地，孔尚任诗：东南繁华扬州起，水陆物力盛罗绮。朱桔黄橙香者橼，蔗仙糖狮如茨比。

古人语："粤人好鬼"。潮汕的很多饮食都与宗教崇拜有着密切的关系，但同时又保留着古代汉族的遗迹。潮汕地区在明清乃至以前都曾经广泛地种植甘蔗，并用它来榨取砂糖。潮汕人逢年过节，在祭祀的时候总是爱放上一个或是两个糖狮或糖塔（糖塔是用白砂糖溶成宝塔形状风干，饰以金花溶球，并用彩色纸片包裹于塔尖的一种食物）。起初"糖狮"全为白色，后来才有红狮，而且有大、中、小三种大小，再后来还发展出"糖塔""糖公鸡""糖桃"和"糖黄梨"。除了"糖狮"之外，潮州人庆元宵还备"豆狮"，那是一种用糖和豆捏成狮子形象的供品，其作用与"糖狮"同。

元宵节时潮州人一般都会到庙里许愿祈福祈求神明保佑合家安康、平安、添丁或发财。许完愿后，善男信女就捧回一对象征如意吉祥的"糖狮"，隔年则以双倍之数还愿，此举名为"赌糖狮"。这一习俗同样在香港、新加坡、马来西亚的潮州人当中广为流传。

农历二月初一是潮州市潮安县凤塘镇鹤陇村"赛糖狮"的传统日子。鹤陇村从宋代已有先民安居。旧时这里一直盛产甘蔗、花生，因此甘蔗和花生也成了当地人财富的象征。

每年在冬季甘蔗收获之后，就在农村土糖寮榨糖，春节过后的农历二月初一，村民就用自榨的糖和花生米制成各种供品敬奉祖先。为展示自己的财富，供品越做越大，终于演化成"赛糖狮"这种独特的民俗，据传已有数百年历史。

鹤陇村制作狮子所用的原料主要是花生米、糖和麦芽糖，投料比例是1:1:0.3。制作糖狮时，先用竹竿竹片扎成坚固的骨架，固定在桌子上，再把糖和麦芽糖煮熟之后，和已炒熟去膜的花生米充分混和。然后用铲子把这些热乎乎的花生糖

第四章　畅谈狮子文化

铲起来贴到扎好的竹架上，负责雕刻糖狮者再用特制的木铲在花生糖未凝固前将其塑成狮子的造型。在花生糖基本凝固成坯之后，用麦芽糖和面粉上一层白底色，然后画出狮子的眉、鼻、鬃、须、爪，眼睛则用通电的电灯。雄狮个头比较大，踩球；雌的比较小，带子，这样一对糖狮要做3天的时间。糖狮一般由狮身、狮头、狮腿几部分组成，要突出精神面貌，所以狮面最难做。这代代相传的制作工艺也保留了许许多多的独家秘方。按当地的习俗，一个房宗要合塑一对以上的狮子。糖狮按重量区分，大的可达六七百千克，净高1.3米左右，小的也有10到20千克，展放的时间从农历二月初一开始持续数天。期间，村民的亲戚、甚至连旅居海外的乡亲都会赶来观赏品评。

汕头澄海糖狮做法又与潮州不同。具体是从锅里取出糖块后，立即吹气至一定大小时，把印模（左右两片）迅速一合，把"糖泡"夹

在模型里继续吹气，以使糖泡充分与印模里各部位的纹路紧密接触，成型后才能清晰地显示出其线条和轮廓，以供欣赏。糖狮有大（约25厘米高连座在内）小（约20厘米高连座）两种。无论大小都是空心的，其厚度约2毫米（座底部稍厚点儿才可放得稳妥）。汕头澄海糖狮也多数为正月十五夜元宵灯会之礼神小品。大者每只高达三至四市尺，围二市尺许。小者二三寸高，如玻璃小瓶，洁白如银，精美雅致。

科普知识博览

铁、青绢、砂糖曾一度列为贡品。糖塔曾是霞浦人中秋必备品之一，霞浦糖塔是实心的。台湾地区的澎湖居民制作糖狮也极为普遍，一般汉式饼铺皆能制作，只是因其多为庙宇中用，通常并没有现品至于陈列架上，必须预订才能制作。

揭阳揭东县曲溪镇砻埔村农历正月二十三日都有摆糖狮的习俗。福建宁德市霞浦也流传糖狮文化。霞浦是闽东最古老的县，在唐、宋、元、明等朝代，当地的砖瓦、制盐、炼铸、纺织、造纸、制糖工业逐渐发展。到了明代，当地的熟

糖狮的主材蔗糖出产于南方（中国叶用甜菜种植历史悠久，而糖用甜菜是在1906年才引进的。甜菜主产区在东北、西北和华北），由此糖狮流行于东南沿海文化之中。但开埠以后，随着美货的输入，特别是古巴白糖的大量进口，对中国传统榨糖业打击甚大，因此潮汕甘蔗种植渐少，糖狮文化的形成因素也逐步消失。

狮子头

狮子头是江西宜丰特有的传统名菜，盛传100余年，具有色泽雪白，

第四章　畅谈狮子文化

肉质鲜嫩、清香味醇、四季皆宜等特点。安徽巢湖地区每年在新春佳节期间都要扎彩球、耍狮子，庆祝五谷丰登。当地群众届时要制作形似狮子头的点心来酬谢舞狮子的人，这种习俗自古至今广为流传。此小吃因用食碱量比普通酵面团要稍大，所以特别酥香，可贮存数日不回软。

狮子头历史悠久，宋人诗云："却将一箸配两蟹，世间真有扬州鹤"。将吃螃蟹斩肉比喻成"骑鹤下扬州"的快活神仙，可见蟹粉狮子头一菜多么鲜美诱人了。清代《调鼎集》中就有扬州"大劗肉圆"一菜，其制法如下："取肋条肉，去皮，切细长条，粗劗，加豆粉，少许作料，用手松捺，不可搓成。或炸或蒸（衬用嫩青）"可见狮子头一菜在清代就为社会公认了。

狮子头一菜的烹制极重火功。用微火焖约四十分钟，这样，制出后便肥而不腻、入口即化了。扬州狮子头有清炖、清蒸、红烧三种烹调方法，至于品种则较多，有清炖蟹粉狮子头、河蚌烧狮子头、风鸡烧狮子。

狮子头其实就是丸子的一种。铁狮子头这道菜，其出处是因为神医喜来乐的家——河北沧州，而沧州的铁狮子是一景，所以就叫这丸子铁狮子头了，主要是它的个大外焦里嫩。也有红烧狮子头的，做法很多。还有龙眼狮子头和清蒸狮子头。有的地方叫四喜丸子，做法基本一样。

狮子头的传说

隋炀帝杨广,到扬州观看琼花以后,留连江南,观赏了无数美景。他在扬州饱览了万松山、金钱墩、象牙林、葵花岗四大名景以后,对园林胜景,赞赏不已,并亲自把四大名景更名为千金山、帽儿墩、平山堂、琼花观。回到行宫之后,又唤来御厨,让他们对景生情,做出四个菜来,以纪念这次的江南扬州之行(古时有用菜肴仿制园林胜景的习俗)。御厨费尽心思,做出了四样名菜。这四个菜是松鼠桂鱼、金钱虾饼、象牙鸡条、葵花献肉。杨广品尝以后,非常高兴,于是乎,赐宴群臣,一时间成为佳肴,传遍江南。

官宦权贵宴请宾客也都以有这四个菜为荣,奉为珍品。

到了唐代,更是金盘玉脍,佳馔俱陈。这一天,郇国公宴客,命府中名厨韦巨元做松鼠桂鱼、金钱虾饼、象牙鸡条、葵花献肉四道名菜,并伴有山珍海味,水陆奇珍。宾客无不赞不绝口。当葵花献肉一菜端上时,只见用巨大的肉圆做成的葵花心,美轮美奂,真如雄狮之头。郇国公半生戎马,战功彪炳,宾客劝酒道:"公应佩九头狮子帅印。"郇国公举杯一饮而尽,说"为纪念今夕之会,葵花肉不如改为'狮子头'。"自此淮扬名菜,又添一道"狮子头",红烧、清蒸,脍炙人口。

关于狮子的文玩分类

老款狮子

老款狮子头核桃是文玩核桃里历史最悠久的一款核桃！外型端庄厚重，侧面看，核桃肚饱满，桩象端正，桩矮厚边，尖小而钝，纹路深而舒展，底部硕大厚实，底部平整，皮质上手易红，盘玩出来的颜色漂亮，量稀价高。

闷尖狮子头

闷尖狮子头是一款以核桃外型命名的狮子头！该核桃外型庄重，厚边钝尖，尖相当的小，几乎没有，故名闷尖。其肚大底平，底部纹路呈放射状，小青眼，皮质密度大，分量坠手，纹路深刻规整，皮质超好。盘出来皮色亮丽，数量稀少，价格高。

苹果圆狮子头

苹果圆狮子头也是一款以核桃外型命名的狮子头核桃。原产地在北京门头沟，外型酷似苹果，底座为苹果底，因其青皮很薄，市场上又叫它"薄皮大陷"，外型端庄，厚边平底，肚大脐小。其青眼长得相

当有特点,圆尾圆气门,纹路舒展。皮质不错,上手易红,现苹果圆嫁接成功,但个大尖大了。数量不多,价格较高!

马蹄狮子头

马蹄狮子头也是一款以核桃外

型命名的狮子头。外型稳重,肚凸底平,厚边钝尖,大凹底。侧面看,酷似马蹄的形状。皮质不错,分量打手。该品种已经嫁接,数量中等,价格中档。

磨盘狮子头

磨盘狮子头也是以核桃外型命名的狮子头。外型酷似农家的石头磨盘,外型庄重,矮桩厚边,闷尖平底,肚子饱满,底部纹路呈放射状。纹路略浅,皮质不错,上手易红。数量不多,价格较高。

白狮子头

白狮子头产于河北涞水。其名称是由当年核农嫁接后,剥皮后发现核桃皮质发白故名白狮子。白狮子属于嫁接较成功的狮子头,其外形端庄稳重,边厚尖小(小攒尖),肚子饱满。底座大而端正,纹路较秀气,皮质超好,上手易红。美中不足是其核桃黄尖黄边较多。数量较少,价格较高。

第四章 畅谈狮子文化

与狮子有关的传说

沧州铁狮子的传说

"沧州的狮子,定县的塔,正定府的大菩萨。"从这个广泛流传的民谣,可以看出沧州狮子是多么著名了。

据说,在很久很久以前,沧州这地方是一块风景幽美、土地肥沃的鱼米之乡。它一面临海,因而远远地望去,海碧天蓝。再加上气候温和,人又勤劳,家家户户的日子,过得都很美好。所以就连飞禽、走兽,也都愿意到这里落落脚。

有一年谷子稍黄,棒子苍皮的时候,海面上突然刮起一股黑风,卷着海浪,像虎叫狼嚎一样咆哮着直扑沧州城。眼看着船翻桅折,房倒屋塌,满畦的好庄稼被海水吞没。黑风恶浪来得急,老百姓都来不及躲,人也淹死了不少。

这黑风恶浪怎么突然来得这么猛呢?原来是一条恶龙在兴妖作怪。它看着沧州这地方好,就一心想独吞这地方做它的龙宫。就在恶龙兴妖作怪、惨害黎民百姓的时候,人们猛地听到一声像山崩地裂的怒吼。只见一头红黄色的雄狮,从海边一跃而起,像鹰抓兔子一样,嗖的一声,冲向大海,直取恶龙。海面上顿时水柱冲天,狂风大作,龙腾狮跃。雄狮和恶龙从天黑一直厮杀到黎明,恶龙招架不住,掉头

动植物百科——狮子 153

就跑。它边跑边想："我占不了这块地方，也叫这地方好不了。"于是它一边跑着一边吐着又苦又咸的白沫。雄狮在后面紧追不放，一直到东海深处，逼着恶龙收回了淹没沧州的海水，这才罢休。恶龙在逃跑的路上留下了一条深沟。传说，这条深沟就是现在的黑龙港河。现在沧州这地方，特别是黑龙港流域，那白花花的盐碱，据说就是那条恶龙吐出的白沫。

恶龙跑了，海水退了，沧州一带的老百姓，才避免了一场更大的灾难，又能安居乐业了。人们为了感谢为民除害的雄狮，就请一位叫李云的打铁名匠，带领着九九八十一个手艺高超的徒弟，用了九九八十一吨钢铁，铸造了九九八十一天，终于在当年雄狮跃起的地方，铸成了这尊活灵活现非常雄伟的铁狮子。

那条恶龙虽然没死，可是它一望见这头铁狮子，就浑身发软，爪子发麻，再也不敢兴妖作怪了。所以，后来人们又把这尊铁狮子叫做镇海吼。

灶君庙铁狮子的传说

北京有这么一句歇后语："灶君庙的狮子——铁对儿。"意思是，死对头，永远解不开仇恨的死对头，或永远不能分开的死搭配，这是有好坏两面的说法。北京的铁狮子不少，有名的铁狮子，也有好几对，为什么单说灶君庙的铁狮子，才是死对头呢？这里面可有个有趣的民间传说。

北京崇文区花市大街，有座灶君庙，庙门外有两个铁狮子。花市大街，过去是个顶贫苦的地方，住户大部分是做纸花、做小手工艺来

第四章　畅谈狮子文化

活着。可是，灶君老爷却看中了这块地方，他奏明了玉皇大帝，就在这里盖了一座灶君庙。有人说，这不是灶君老爷自己盖的，是信灶君老爷的有钱人，出钱给盖的庙。灶君老爷是泥像，又没有钱，自己怎么盖庙呢？不管怎么说吧，庙是盖起来了。灶君庙修盖的时候，人们还说灶君老爷能"保佑一方"呢，后来，这里的住户，仍然是那么穷，而且越过越穷，有钱的人，是越来越有钱，大伙儿就起了疑心了。有那细心的人，天天到庙里庙外，仔细的查看，什么可疑心的地方都没有，大伙儿可总放心不下。

这一天，有个挑着担子，下街补漏锅的白胡子老头儿，走到灶君庙门前，放下了担子，他左瞧右瞧，又到庙里瞧了一遍。他这个怪举动，却招来不少围着瞧热闹的人，有那爱说话的人，就问了："老大爷，您看什么呢？""没看什么。我想：要在庙门前，给添上两个铁狮子，就更好看了。"大伙儿笑了，都说："谁有这些钱哪！从打有了这座庙，我们就得出钱买香买供，就得按月送

香油，弄的我们穷的更穷了，哪还有钱给它铸狮子啊？"白胡子老头儿笑了笑，一句话没说，就挑起担子走了。第二天，灶君庙门前，多了一对铁狮子。第三天，灶君老爷的马没有了，庙门前却有一堆马骨头，夜里，人们都听见狮子吼叫了。第四天，第五天，庙门不开了。打这儿起，庙里住了做小手艺的人，人们再不给灶君老爷买香、买供、送香油了，大伙儿都少出了一笔钱。人们都说：这成双成对的铁狮子，一定是鲁班爷给铸的；那个白胡子老头儿就是鲁班爷；铁狮子把灶君老爷的马给吃了；把灶君老爷吓跑了；铁狮子是灶君老爷的死对头、铁对儿。

《狮子王》剧情介绍

当太阳从水平线上升起时,非洲大草原苏醒了,万兽群集,荣耀欢呼,共同庆贺狮王穆法沙和王后沙拉碧产下的小王子辛巴的诞生。

充满智慧的老狒狒——巫师拉法奇为小辛巴兴起行了洗礼,它捧起一把细沙撒在小辛巴头上。可是狮王的兄弟刀疤对辛巴的出生仇恨不已,它认为如果不是辛巴,自己将会继承王位,因此在它心中埋下了罪恶的种子。

时光飞逝,辛巴已经长成健康、聪明的小狮子了,可它的叔叔刀疤却一刻也没有放弃对它的嫉恨。一次,在刀疤的引诱下,辛巴和好朋友娜娜去国界外的大象墓地探险,3只受刀疤指使的鬣狗开始围攻辛巴,辛巴和娜娜害怕极了。在这危急的时刻,狮王穆法沙突然出现了,它怒吼一声,吓得鬣狗们拔腿就逃。辛巴和娜娜得救了。

刀疤对辛巴被救十分恼怒,他阴险地决定杀掉穆法沙,他向鬣狗们许诺等除掉穆法沙和辛巴,自己当上国王后,就让它们顺理成章地进入狮子王国。

几天以后,刀疤又引诱辛巴到了一个山谷,然后指使鬣狗们追击角马。大批角马朝辛巴狂奔过来,穆法沙又及时赶到,救出辛巴,可自己却被弟

第四章 畅谈狮子文化

弟刀疤推下了山谷。洪水般的角马群冲过去了,辛巴在死寂的山谷里发现了一动不动的父亲。它心里悲痛而内疚,以为是自己害死了父亲。别有用心的刀疤极力怂恿辛巴逃走,同时又命令鬣狗们杀死它。辛巴在荆棘丛的掩护下逃脱了,鬣狗们向着辛巴逃远的背影尖叫道:"永远别再回来,回来就杀死你!"从此,刀疤登上了王位,并把鬣狗们引入了狮子王国。

辛巴一路没命地奔逃,直到再也跑不动了,昏倒在地上。两位好心的朋友——机智聪明的猫鼬丁满和心地善良的野猪彭彭救了它。丁满和彭彭教导辛巴要无忧无虑,不想过去,不想未来,也没有责任,只要为今天而活就可以了。日子一天天过去了,辛巴成长为一头英俊的雄狮。

一次偶然之间,辛巴和儿时的伙伴娜娜相遇了。娜娜告诉,自从刀疤当上国王后,大家就处在水深火热之中,它要辛巴回到狮子王国,可是辛巴没有答应。巫师拉法奇也找到辛巴,在它的劝说和父亲神灵的教导下,辛巴决定回狮子王国拯救子民。

辛巴愤怒地向着刀疤挑战:"我回来啦,你选择吧,要么退位,要么接受挑战!"狡猾的刀疤并不想投降,它不断以辛巴害死父亲为借口责骂辛巴,好拖延时间。辛巴心中弃着内疚了愤,一不小心从岩石上滑了下去,以为辛巴必死无疑的刀疤告诉了它是自己杀了穆法沙的事实。愤怒之中,辛巴化悲痛为力量,它奋力跃起,将刀疤一下打倒在地,并将这个卑鄙的叔叔赶下了国王崖,刀疤成了鬣狗们的一顿美餐。这时,大雨倾盆而下,好像在滋润干涸已久的土地。辛巴在母亲和朋友们的欢呼与祝福声中,正式宣布执掌政权。

石狮子的传说

相传在嵩岳寺新建之初,镇守寺院大门左右两旁的石狮并非今天这对,而是由当地石匠雕刻的一对形态吓人、貌形顽劣的石狮。每逢有香客前来庙里朝拜的时候,这对顽劣石狮对那些前来进香许愿的香客总会怒目而视。一日,一远方高僧云游到此,前到寺内投宿,刚上山门前石梯,就见门前两只石狮在怒目瞪视,那神情真有点咄咄逼人。高僧一时怒起,从行囊中顺手抽出所带工具,三下两下就将门前石狮砸了个四分五裂。寺庙主持见状,前来制止道:"高僧为何要将我镇庙之物砸毁?"高僧从容答道:"我本远方云游僧人,到此天色已晚,前来借宿,可才踏上门前石梯,还未进得山门,这两个家伙就对我怒目相视,似在'猴'(即瞪视之意)我,一时兴起,便将其砸了"。主持便说:"既是如此,那日后我以何物镇守寺院"。高僧从容答道:"不急,待我明日给你重雕一对"。

第二天,高僧便从附近弄来石料,动手给寺院重雕起石狮来。不几日,一对形态逼真、栩栩如生、笑容可掬的石狮便雕了出来,立于山门左右,逢人便是笑容满面、憨态可掬,好似一对看守家门的顽童。不料,或许是这对石狮雕得太顽皮,每趁主人不备,或寺庙香客太多,主人无暇顾及之时,便双双约上到附近的庄稼地里损毁百姓的庄稼,给寺院主人增添许多麻烦。后高僧指点说,它太顽皮,你只需在其背上立根柱子,将其压住,便会安分守己。于是主持就把山门外两根廊柱,分别改立在两只石狮的背上,自此,石狮就变得乖巧起来,从没在损坏过附近村民的一棵庄稼。这就是今天我们所看到的情形。

后来,据说高僧在为寺院雕刻并驯服好这对顽皮石狮后,继续云游,来到云南滇池后,也在那边雕了一对同样的石狮。石狮雕好后,高僧在为人雕塑一支毛笔时,当其余部分全部雕完,最后在雕刻笔尖时,不小心将笔尖雕断。高僧想,自己一生仅雕了两对石狮,这支小小的笔才是第三件作品,却不幸失败了。仔细想想,也许就是自己的尘缘已尽,于是便怀惴惴之情,投滇池而逝,了却余生。

狮子座起源的美丽传说:狮子的勇敢

(1) 传说一

尼密阿是巨人堤丰和蛇妖厄格德的儿子。当人与妖相爱的时候,尼密阿就从月亮上掉了下来,是上天赐给这对夫妇一个漂亮的宝贝,家人都叫他阿尼。阿尼实际上是个半人半妖的怪物。白天他是一头凶猛的狮子,全身的皮毛闪着太阳的颜色;到了晚上,他才变成人形,是一个金发蓝眼的少年。

阿尼的妹妹许德拉是一个九头蛇妖,她的上半身和人一样,而且十分美丽;下半身是蛇,月光一样的银色。

阿尼从小就深深爱着许德拉,他们虽然有同样的父母,但阿尼是从天上掉下来的,而许德拉是母亲厄格德自产的。许德拉一直认为阿尼是天上的某颗星星,终归是要回到天上去的。而阿尼说,在回到天

上以前愿意为许做任何事,包括死。他们于是相爱了。

然而幸福的日子很快被厄运撕碎。英雄赫拉克勒斯按照神谕昭示,接受了国王的十项任务,其中两项就是杀死阿尼和许德拉。阿尼不明白为什么神界的争斗要波及到他们,宙斯犯下的错要他们来承担。阿尼本不愿与赫拉克勒斯为敌,但为了保护心上人许德拉,他决定将赫拉克勒斯挡在尼密阿大森林外。许德拉想要阻止他前往,阿尼安慰到:"除了你,没有人能杀死我!你放心吧,我一定可以战胜这个宙斯与凡人的

儿子。"说完，他只身前往去会赫拉克勒斯。

许德拉很爱阿尼，她不会让阿尼去送死，她决定在阿尼之前击退赫拉克勒斯，哪怕是同归于尽。许德拉来到阿密玛纳泉水旁迎战赫拉克勒斯。然而，尽管她可以变出九个头形成咄咄逼人之势，但赫拉克勒斯毕竟是一个伟大的英雄，他勇敢而果断的杀死了蛇妖许德拉，并把随身带的箭全部浸泡在剧毒蛇血里。

傍晚，阿尼也终于找到了赫拉克勒斯，他现在是一头浴血的雄狮，朝赫拉克勒斯猛扑过来。赫拉克勒斯拔剑与狮子战在一处，但狮子的皮毛似乎任何利器也穿不透，赫拉克勒斯根本没法杀死他。天色渐渐暗了下来，赫拉克勒斯想到那些浸毒的箭，于是瞄准狮子射了过去。一支、两支没有射中，第三支箭射中了狮子的心脏。那浸着许德拉毒血的箭一下子射进了阿尼破碎的心，狮子倒在地上变成了人。赫拉克勒斯惊诧的看着阿尼，而阿尼一句话也没有说就死去了。

后来宙斯让阿尼回到了天上变成了星星，就是那个灿烂如太阳的狮子座。而属于狮子座的人类也被赋予了勇于为爱情而牺牲的性格。

第四章　畅谈狮子文化

（2）传说二

面对挑战者，直来直往单打独斗的王者风范，是狮子座的象征，相传狮子座的由来与赫拉克勒斯有关。

赫拉克勒斯是宙斯与凡人的私生子，他天生具有无比的神力，天后赫拉也因此妒火中烧。在赫拉克勒斯还是婴儿的时候，就放了两条巨蛇在摇篮里，希望咬死赫拉克勒斯，没想到赫拉克勒斯笑嘻嘻的握死了它们，从小赫拉克勒斯就被奉为"人类最伟大的英雄"。

赫拉当然不会因为一次失败就放弃杀死赫拉克勒斯，她故意让赫拉克勒斯发疯后打自己的妻子。赫拉克勒斯醒了以后十分懊悔伤心，决定要以苦行来洗清自己的罪孽。他来到麦锡尼请求国王派给他任务，谁知道国王受赫拉的指使，果然赐给他十二项难如登天的任务，必须在十二年内完成，其中之一是要杀死一头食人狮。

这头狮子平时住在森林里，赫拉克勒斯进入森林中找寻它。只是森林中一片寂静，所有的动物，小鸟、鹿、松鼠都被狮子吃得干干净净，赫拉克勒斯找累了就打起瞌睡来。就在此刻，巨狮子从一个有双重洞口的山洞中昂首而出，赫拉克勒斯睁眼一看，天啊！食人狮有一般狮子的五倍大，身上沾满了动物的鲜血，更增添了几分恐怖。赫拉克勒斯先用神箭射它，再用木棒打它，但都没有用。巨狮子刀枪不入，最后赫拉克勒斯只好和狮子肉搏，过程十分惨烈，但最后还是用蛮力勒死了狮子。

食人狮虽然死了，但赫拉为纪念他与赫拉克勒斯奋力而战的勇气，将食人狮丢到空中，变成了狮子座。

与狮子有关的典故

千古名典话"狮吼"

"狮子吼",本是佛经用语,意为"法力无边"。然而,常人每提及"狮吼""狮子吼""河东狮吼",往往会意为"泼辣妇女",或以调侃凶悍之女人,或以戏谑惧内之男士,内中蕴义已偏离了原意。究其偏离之出处,还要追溯到苏轼的一段趣事。

宋朝文学家苏轼,又叫苏东坡。他擅长诗词,文章也写得很好,是朝中重臣,皇帝非常看重他。不过有一次,有人参奏他写诗讥刺朝政,皇帝很生气,就把他从朝中贬到黄州,也就是现在的湖北黄冈。

苏东坡在黄冈有个好友陈慥,号季常。他们两人的爱好差不多,都喜欢游山玩水,写诗作赋,喜欢研究佛教的道理,还喜欢在一起饮酒。他们饮酒的时候,都有一个习惯,就是喜欢请来一些歌女舞女,在一边歌舞助兴。可是陈慥的夫人柳氏很有个性,而且最爱吃醋,很不满意陈慥的行为,尤其不满意的就是陈慥喝酒时找美女来斟酒夹菜,跳舞唱歌。有时,舞女、歌女正唱着歌、跳着舞,柳氏就来了,把美女们全都赶走,还说:"你们喝酒就好好喝酒,弄这些女孩子来,给你们斟酒夹菜,跳舞唱歌。有什么好的?是酒会多出来,还是菜会多出来?"后来,陈慥跟苏东坡两人在喝酒的时候,就既不敢用伴舞,也不敢用

第四章 畅谈狮子文化

伴唱了。

一天晚上，苏东坡又到陈慥家来。陈慥说："今儿晚上，咱们两个好好地喝酒。"陈慥把苏东坡留下，吩咐下人做了一桌丰盛的菜，搬上好酒。两个人一边喝着酒，一边谈佛论道。佛教重点讲的是一个"空"字，两人讲来讲去，越讲越泄气。陈慥说："我们两个讲来讲去，把情绪搞坏了。我知道有两个美女唱得非常好，今晚干脆请她们给咱们唱两首歌。咱们边听边喝，不是挺好吗？""嫂夫人要是听见，还不得急了啊？你就注意点吧。""她已经睡着了。况且，她也就是闹一阵子，过后就没事。不用管她。"陈慥立刻吩咐手下人把那两个歌女找来，还说："不要唱激昂的，要抒情一点的，声音不要太大。"这下两个歌女明白了，他原来还是害怕夫人柳氏听见。

陈慥和苏东坡端着酒杯，听着两位歌女给他们唱歌，又觉得人世并不全都是空，也有美好的东西。比如现在喝着酒听着歌，这就挺好嘛。没料到夫人的丫鬟听见客厅里边有唱歌的声音，赶紧向夫人禀报，

"今天老爷改了方子，白天不唱，改成晚上唱了。"夫人穿好衣服，从屋里出来一听，真是在那唱呢，顿时怒火中烧，"好啊，晚上你也不歇着，在这唱什么。"一边说，一边"啪啪"地拍窗户。两人赶紧说："打住打住，咱别唱了。"只好便这么散了。

第二天，苏东坡写了首诗，送给陈慥。这首诗是："龙丘居士亦可怜，谈空说有夜不眠。忽闻河东狮子吼，拄杖落手心茫然。"意思是说，您这位居士真是挺可怜哪，又说空又说有，晚上不睡觉。说了半天，护法的狮子来了，这么一叫唤，吓得您连拄杖都掉了，心里空空荡荡的。这话语带双关，另外一层意思就是说您这位夫人嗓门太大，都要

动植物百科——狮子　163

赶上狮虎之声了；说河东狮子，是因为柳氏老家是河东人。

黄州时期的苏轼，文名早已誉满士林，况在欧阳修去世后更是独树一帜。虽身在荒野，而诗文一旦出手，同样会被喜好者争相传阅，甚至辗转到皇帝眼前。这诗传出后，陈季常的惧内名声也跟着沾光传开了去……

诗人和好朋友都已故去近千年。由了苏轼，由了这首诗，后人也就经常将"狮吼""狮子吼""河东狮子吼"当作比喻泼辣女人的典故来使用了。

"河东狮吼"这条成语，就是说好吃醋，在家里边管着男人的女人。苏东坡写诗的时候，还带一点褒义，因为狮子是佛教的护法神，现在则基本属于贬义了。有时候也拿来开玩笑这么说。

历史典故：耍狮子的来历

西汉武帝派张骞去打通了西域，制服了匈奴。从那以后，西域许多国家都给汉朝年年进贡，岁岁来朝。

到了东汉章帝时，大月氏国给汉朝进贡一头猛兽，头大如筛、口大如盆、眼似银铃、满身金毛。这只猛兽十分凶猛，关在铁笼里时常张着血盆大口，发出怒吼的叫声，好像要吞吃活人。进贡的贡使说："这是大月氏国独有的一种猛兽，因长了一身金黄的毛，人称'金毛雄狮子'。又因它十分凶猛，又称为'兽中之王'"。章帝

第四章 畅谈狮子文化

认为西域贡此兽,是祝汉朝兴旺、吉祥如意,叫人把金狮收过后宫,精心喂养。

谁知,大月氏国并不是这个意思,贡使对章帝说:"今朝我们进贡金毛狮子,是想让贵国驯服它。如果来年驯服了,大月氏国就年年进贡,岁岁来朝,永远归顺汉朝。如果驯不服它,就从此断绝往来。"

汉章帝听完之后,哈哈大笑,说:"我们这么大一个国家,驯狮的人怎么能没有?"于是当即答应让贡使们来年来看驯狮。

汉章帝送走了大月氏国贡使,就召来满朝文武,商议驯狮之事,随后出了皇榜,在全国招募驯狮能人。

不几天,来了一个勇士模样的驯狮人,这人矮胖的个儿,黑红的脸儿,走起路来不快不慢,讲起话来活像个驯狮内行。汉章帝设宴招待他后,命宫人领他去看狮子。原来,这人是走江湖的耍猴能手,

他见猴子十分好驯,就想来驯一驯狮子。但他并没有见过狮子,还以为狮子比猴子小。当他一见到关狮的笼子,顿时心惊胆战,十分害怕。他还没走到眼前,只听到这头猛兽吼叫了一声,当场就吓坏了。领他的宫人见他是个脓包,就告诉了汉章帝,汉章帝立刻令武士们把他杀了。

过几日,又来了一位武士,说是应招来驯狮子的。这个中等个子,长条脸,不胖不瘦,腰扎板带,动作麻利,说话在理,叫人口服心服。

于是，汉章帝又设宴招待了他，令宫人领他去看狮子。狮子见有人来了，就从铁笼的那头向这头猛扑过来。这位武士见了，双手一指，喊了声"啊！"狮子被吓了回去。领他的宫人见这人有两下子，就急报了汉章帝，汉章帝就留下他驯狮子，封他为"引狮"。这人驯狮子，只凭勇气，没有智谋，再一次驯狮子时，被狮子咬掉了一只手。汉章帝得知后，又另招"引狮"。

过了几个月，又来了第三个驯狮人。这人身材魁梧，白面脸。他见金毛狮子实在凶猛，难以驯服，就决定智驯。他一连几天都没有给狮子喂食，饿得狮子精疲力尽后，打开笼子引狮发怒。谁知这雄狮欠饿，狂性发作，一出笼就向他扑来，一口就把他咬死了。宫中武士们见雄狮出笼伤人，一齐动手捉拿，但狮子十分凶猛，捉拿不住，只好用一阵乱棒将它打死了。

皇帝听说金毛狮子被打死了，十分生气。他想，打死了狮子，就失去了汉朝的威信。如果大月氏国贡使来看驯狮，怎么交代呢？

第四章 畅谈狮子文化

想到这里，就要拿打死狮子的人治罪。

　　监斩之日，打死金毛狮子的罪犯被押到了法场。他对监斩官说："大人若能向皇帝禀报，开脱小人罪责，小人自有办法将死狮复活，并将它驯服，叫贡使们观看。"监斩官听后，十分惊喜，立刻禀报了皇帝。

　　这时，汉章帝正看黄历，因为这时已是腊月，不久便是立春之日，外使就要来观看驯狮。可现在狮子已被打死，皇帝正为此事发愁。听监斩官禀报，打死狮子的罪犯有办法将死去的狮子复活，并且还能将它驯服。汉章帝十分惊喜，随即手拿御笔写了"赦免"二字，让罪犯代罪立功。

　　转眼间到了春天，各国贡使来朝，汉章帝大设宴席招待。果然大月氏国的贡使，提出要看驯狮子。汉章帝就让驯狮人领着金毛狮子进入宫中。只见驯狮人手执绣球灯，逗引狮子，狮子时扑、时跃、时打滚、时抖毛、时吼叫，真是百依百顺。各国的来使看了，都称赞汉室大有人材。大月氏国王得知后，不敢藐视汉朝，就按规定，年年进贡，永远和汉朝合好了。

事后，到了夏历正月十五，汉章帝问驯狮人是用什么办法让死狮复活的，又是怎样把这凶猛野物驯服的。驯狮人说："圣上要是能免去小人欺君之罪。小人就说实话。"汉章帝听了说："免、免、免。"一连说了三个"免"字。于是，驯狮人就说；"我失手打死雄狮，自知罪过不小。为了补回罪过，让贡使看到驯狮，就剥下了死狮的皮毛，请了我两位兄弟，披上皮毛，装扮成狮子。他和他那两位兄弟又为皇帝表演了一番。汉章帝封他为宫里的"春官"。

这件事传出了汉宫。老百姓们认为耍狮子为国家争了光，就用木、泥、布做成狮头，用麻做成狮皮，仿照表演。耍狮子就这样传开了。

与狮子有关的故事

罗马故事：安德鲁克里斯和狮子

从前在罗马，有一位贫穷的奴隶，叫安德鲁克里斯。他的主人是一个残酷的人，对他很不好，以致安德鲁克里斯最终逃走了。

他在一处原始森林里躲了好多天。找不到任何食物，他一天比一天病弱，他想，他活不了多长时间了。于是，有一天，他爬进了一个山洞，在里面躺了下来，不久，他就睡着了。

过了一会儿，他被一阵很大的声音吵醒了。一只狮子来到了他所在的洞里，大声吼叫着。安德鲁克里斯怕极了，他想，狮子肯定会把他吃掉的。但是，不久他发现，狮子不仅没有发作，而且还一瘸一拐，腿好像受了伤。于是，安德鲁克里斯壮起胆子，抓住了狮子受伤的那只爪子，看看究竟发生了什么事。狮子静静地站着，用它的头蹭着安德鲁克里斯的肩膀，好像在说："我知道你会帮助我的。"

科普知识博览
Ke Pu Zhi Shi Bo Lan

安德鲁克里斯把狮子的爪子抬了起来，看到有一根长长的尖刺刺在了里面，这使它伤得不轻。他用两根指头抓住刺的一头，快速、用力地把刺拔了出来。狮子高兴极了，像狗一样跳了起来，用舌头舔着它新朋友的手和脚。

安德鲁克里斯已不怎么害怕了。夜晚来临的时候，他和狮子就一起背靠背地睡在洞子里。

在很长的一段时间里，狮子每天都给安德鲁克里斯带来食物，两人成为了亲密无间的好朋友，安德鲁克里斯发现自己的新伙伴是一个令人非常快乐的家伙。

一天，一队士兵经过这座森林，发现了躲在洞里的安德鲁克里斯。他们知道他是什么人，便把他抓回罗马去了。那时侯的法律规定，任何一个从主子那儿逃走的奴隶都必须与一只饥饿的狮子决斗。他们把一只狮子关了起来，不给他吃一点东西，并定好了决斗的时间。

决斗那天来到了，成千上万人聚集过来，一起来看热闹。那时他们去的那个地方就像今天的人在一起看马戏或棒球比赛的地方。

门开了，可怜的安德鲁克里斯被带了进来。他快被吓死了，因为他已能隐隐约约地听到狮子的吼声了。他抬头向四周看看，成千上万个人的脸上没有一丝同情的表情。

狮子冲进来了，它一个跨步就跳到了这位可怜的奴隶的面前，安德鲁克里斯大叫一声，不过不是因为害怕，而是因为高兴。因为那只狮子正是他的老朋友——那只山洞里的狮子。

第四章　畅谈狮子文化

　　等着看狮子吃人好戏的观众充满了好奇。他们看到安德鲁克里斯双手抱着狮子的脖子，狮子则躺在他的脚下，深情地添着他的双脚；他们看到那只庞大的野兽用头蹭着奴隶的头，那么地亲密无间。他们不知道究竟是怎么一回事。

　　过了一会儿，他们要求安德鲁克里斯向他们解释事情的原委。于是，安德鲁克里斯双手抱着狮子的头，站在这些人面前，向他们讲述了他和狮子一起在洞里生活的故事。"我是一个人，"他说，"但从来没有人像朋友一样对待过我。唯独这只可怜的狮子对我好，我们像亲兄弟一样相亲相爱。"

　　周围的人还不是很坏，这时候，他们已不能再对这位可怜的奴隶下狠心了。"给他放生，让他自由！"他们喊着，"给他放生，让他自由！"

　　另外还有人喊："也给狮子自由！把他们都放了！"

　　就这样，安德鲁克里斯获得了自由，狮子也随他一起获得了自由。安德鲁克里斯和他的狮子朋友一起在罗马住了很多年。

科普知识博览

经典故事：老虎、狮子与企鹅

老虎和狮子同时到了寒风凛凛、滴水成冰的南极洲，它们一见面就开始争吵，原因是都想当大王。尽管它们冻得瑟瑟发抖，说话都困难。

在它们准备大动干戈时，从围观的企鹅中踱出一只小企鹅对它们说："两位大王这样吵下去实在无聊，不如比点什么，很快就能分出高下。""你说说看，比什么？"老虎、狮子感兴趣地问。"'石头''剪刀''布'会吗？""田鼠都会，也太小看我们了。"老虎和狮子不屑一顾地说。

让老虎、狮子难堪的是，它们出手几十次也没见分晓。它们这才知道，自己的爪子虽然厉害，能一击致命，却只能出"石头"，根本出不来"布"和"剪刀"。小企鹅不耐烦地对它们说："你们总是'石头''石头'的，'石头'到南极变成北极也不会有结果，得换个笔法。""怎么比？"老虎、狮子又同时问。"我们都是木头人会不会？""乌龟都会的游戏，我们岂能不会。"老虎、狮子还是不屑一顾。小企鹅微笑着说："既然都会，比赛开始。"

"我们都是木头人，不许说话不许动！"老虎、狮子喊过后便盯着对方一动不动。

一个小时过去，它们一动不动；两个小时过去，它们连眼睛都没眨一下；天快黑了，它们的眉毛、胡须都变成了雾凇。这时，小企鹅又对它们说："这个比法太慢，得换个立竿见影的比法，现在我踢你们一脚，就一脚，如果谁能一动不动，谁就是大王。"见老虎、狮子都没反

172　动植物百科——狮子

第四章 畅谈狮子文化

应，小企鹅接着说："既然都不吭声，就是默认。"小企鹅说着使劲踢了老虎一脚，老虎摇了几摇，"通"的一声倒下了。"该你了。"小企鹅边说边猛地给了狮子一脚，狮子晃了两晃，"通"的一声也倒下了。

小企鹅转身问一只老企鹅："都倒下了，爷爷您看它们还能不能做大王？""我看不能，即使它们不倒下，也不能。""为什么？"小企鹅接着问。"原因很简单，这里既不是它们称王的草原，也不是它们称霸的森林，是南极洲。"

人生真悟：不要在你完全陌生的领域里逞强，找到适合自己的地方，努力地做下去，

才是明智的选择。

寓言故事：狮子、狐狸与鹿

狮子生了病，睡在山洞里。它对一直与它亲密要好的狐狸说道："你若要我健康，使我能活下去，就请你用花言巧语把森林中最大的鹿骗到这里来，我很想吃他的血和心脏。"

狐狸走到树林里，看见树林里欢蹦乱跳的大鹿，便向它问好，并说道："我告诉你一个喜讯。你知道，国王狮子是我的邻居，它病得很厉害，快要死了。它正在考虑，森林中谁能继承它的王位。它说野猪愚蠢无知，熊懒惰无能，豹子暴躁凶恶，

老虎骄傲自大,只有大鹿才最适合当国王,鹿的身材魁悟,年轻力壮,它的角使蛇惧怕。我何必这么罗嗦呢?你一定会成为国王。这消息是我第一个告诉你的,你将怎样回报我呢?如果你信任我的话,我劝你快去为他送终。"

经狐狸这么一说,鹿给搞糊涂了,便走进了山洞里,丝毫没有想会发生什么别的事情。狮子猛然朝鹿扑过来,用爪子撕下了它的耳朵,鹿拼命地逃回树林里去。狐狸辛辛苦苦白忙了一场,它两手一拍,表示毫无办法了。狮子忍着饿,叹惜起来,十分懊丧。狮子请求狐狸再想想办法,用狡计把鹿再骗来。狐狸说:"你吩咐我的事太难办了,但

我仍尽力去帮你办。"于是,它像猎狗似地到处嗅,寻找鹿的脚迹,心里不断盘算着坏主意。狐狸问牧人们是否见到一只带血的鹿,他们告诉它鹿在树林里。

这时,鹿正在树林里休息,狐狸毫不羞耻地来到他的面前。鹿一

第四章　畅谈狮子文化

见狐狸，气得毛都竖了起来，说："坏东西，你休想再来骗我了！你再靠近，我就不让你活了。你去欺骗那些没经验的人，叫他们做国王。"狐狸说："你怎么这样胆小怕事？你难道怀疑我，怀疑你的朋友吗？狮子抓住你的耳朵，只是垂死的他想要告诉你一点关于王位的忠告与指示罢了。你却连那衰弱无力的手抓一抓都受不住。现在狮子对你非常生气，要将王位传给狼。那可是一个坏国王呀！快走吧，不要害怕。我向你起誓，狮子决不会害你。我将来也专伺候你。"狐狸再一次欺骗了可怜的鹿，并说服了它。

鹿刚一进洞，就被狮子抓住饱餐了一顿，并把它所有的骨头，脑髓和肚肠都吃光了。狐狸站在一旁看着，鹿的心脏掉下来时，它偷偷地拿过来，把它当作自己辛苦的酬劳吃了。狮子吃完后，仍在寻找鹿的那颗心。狐狸远远地站着说："鹿真是没有心，你不要再找了。它两次走到狮子家里，送给狮子吃，怎么还会有心呢！"

有关狮子的品牌形象

标致汽车（Peugeot）

1848年，阿尔芒·别儒家族在英国伦敦创建了一家工厂，主要生产拉锯、弹簧和齿轮等。1896年，别儒在蒙贝利亚尔创建了标致汽车公司。1976年该公司与雪铁龙汽车公司组成标致集团，是欧洲第三大汽车公司。

"标致"曾译名为"别儒"，公司采用"狮子"作为汽车的商标。"标致"的商标图案是蒙贝利亚尔创建人别儒家族的徽章。据说别儒的祖先曾到美洲和非洲探险，在那里见到了令人惊奇的动物——狮子，为此就用狮子作为本家族的徽章。后来，这尊小狮子又成为蒙贝利亚尔省的省徽。

"标致"这尊小狮子非常别致有口味，它那简洁、明快、刚劲的线条，象征着更为完美、更为成熟的标致汽车。这独特的造型，既突出了力量又强调了节奏，更富有时代气息。

古往今来，狮子的雄悍、英武、威风凛凛被人们视为高贵和英雄。古埃及的巨大雕塑"司芬克司"，就是

第四章 畅谈狮子文化

人首狮身，以代表法老的威严和英武。所以，标致公司为使用"狮子"商标而感到自豪。

荣威汽车（Roewe）

荣威是上海汽车工业（集团）总公司旗下的一款汽车品牌，于2006年10月推出。该品牌下的汽车技术来源于上汽之前收购的罗孚，但由于品牌"罗孚"的使用权被福特汽车公司从宝马手中买走，因此上汽不得不自推品牌。2006年10月12日，上海汽车（集团）股份有限公司（以下简称"上汽股份"）正式对外宣布，其自主品牌定名为"荣威"，取意"创新殊荣、威仪四海"。

荣威的品牌口号为"创新传塑经典"。

荣威品牌的商标图案的设计，充分体现了经典、尊贵、内蕴的气质，并突出体现了中国传统元素与现代构图形式相融合的创意思路。这与其即将向公众亮相的首款产品风格

科普知识博览

保持了高度的一致性。

（1）经典盾形徽标：整体结构是一个稳固而坚定的盾形，暗寓其产品可信赖的尊崇品质，及上海汽车自主创新、国际化发展的坚强决心与意志。

（2）色彩感观：以红、黑、金三个主要色调构成，这是中国最经典、最具内蕴的三个色系，红色代表中国传统的热烈与喜庆，金色代表中国的富贵，黑色则象征威仪和庄重。

（3）核心形象：以两只站立的东方雄狮构成。狮子是百兽之王，在中国宫廷大殿、私家豪宅的正门前，左右分别蹲座着石雕或铜铸的雄赳赳的狮子，气宇轩昂、凛然而不可冒犯，代表着吉祥、威严、庄重。在西方文化中狮子也是王者与勇敢精神的象征，其昂然站立的姿态传递出一种崛起与爆发的力量感。双狮图案以直观的艺术化手法，展现出尊贵、威仪、睿智的强者气度。

（4）符号寓意：图案的中间是双狮护卫着的华表。华表是中华文化中的经典图腾符号，不仅蕴含了民族的威仪，同时具有高瞻远瞩，祈福社稷繁荣、和谐发展的寓意。

图案下方用现代手法绘成的符号是字母"RW"的融合，是品牌名称的缩写，同时"RW"在古埃及语中亦代表狮子。此外，图案的底部为对称分割的四个红黑色块，暗含

第四章 畅谈狮子文化

着阴阳变化的玄机，代表了求新求变、不断创新与超越的企业意志。

霍顿汽车（Holden）

霍顿汽车公司创立于1856年，总部在澳大利亚墨尔本市。主要业务是生产汽车和发动机，其母公司是美国通用汽车公司。霍顿汽车公司是通用汽车公司的设计和工程技术中心。

澳大利亚的霍顿汽车公司在澳大利亚历史上有着极其特别的地位，因为澳洲大陆上第一部由澳洲人自己生产的汽车"48-215"，就是从霍顿的车间里开出来的。要探究霍顿的历史，需要追溯到一个世纪以前。经营骑马用具起家的霍顿公司在1914年开始帮顾客生产定制的汽车车身，这迈出了它漫长汽车工业里程的第一步。经过10年的发展，它成为美国通用汽车的在澳洲的车身供应商，并于1931年和美国通用汽车澳洲分公司共同组建了"通用－霍顿汽车公司"（1994年起单独使用"霍顿汽车公司"的名称）。从1948年起，霍顿开始生产自己的车型，澳洲历史上第一辆属于本土的轿车"48-215"于当年下线，从此霍顿成为澳洲汽车工业的代名词。

霍顿的标志是一只狮子滚球的红色圆形浮雕，其设计灵感来自一则古老传说：埃及狮子滚石头的情景启迪人类发明了车轮。今天的霍顿不但称霸澳洲车坛，还以锻造强劲发动机而闻名于世，那只红色雄狮也就更具象征意义。

狮子精神 PK 狼性文化

当"狼性文化"遇上"狮子精神",经济危机下做狼还是做狮子?——这是畅销书《非洲狮》引起的话题效应。

"狮子精神"的源起

近年来,"狼性文化"在各界盛行,有关对所谓"狼性""狼道"的解读书籍一时间迅速风靡。的确,市场的生存法中需要企业和员工具备一种"狼性",才可以在市场环境日益激烈的环境下立于不败之地。

可社会各界疯狂迷恋所谓"狼性"的同时,另一种声音也在网络间迅速传播着,那就是"狮子精神"。——"在有狮子的世界里狼不过只是一群靠吃狮子残羹剩炙为生的配角。要成为真正的王者,就要具备一种'狮子精神'。"这是一群

第四章 畅谈狮子文化

力挺"狮子精神"的网友发表的言论。

"狼性"——贪婪、残暴、野性、纪律性、团队精神等,这些精神慢慢地已经成为一个成功企业所应有的标杆和分水岭。有人给这种精神下了定义称之为"狼性文化"。

但当前在网络上流传出的另一种声音却不这么认为。他们认为在狮子的身上,可以同样找到这些品质,而狮子为什么可以成为比狼更强的"王者"。事出有因,这就意味着在狮子的身上具备着比"狼性"更优越的品质。这种声音认为当所有企业都在强调"狼性"的时候,"狮子精神"则显得更加可贵。狮子具备了狼性的所有优秀品质,而在它身上还具备了一些狼所不具备的东西,这才是使得草原上真正的王者是狮子而不是狼。狮子精神将物竞天择、适者生存的自然法则诠释到了极致。在这个群狼共存的社会里,只有成为狮子,才可以成为真正的王者。

于是最近一段时间到底要做"狮子",还是做"狼"的话题,成为网络上争议的热点。而起因则是因为一本名为《非洲狮》的小说的上市。

如同当年的《狼图腾》一样,该小说一经上市,便引起了大规模话题效应。将"狮子精神"这个理念推到了极致,成为网络上争相讨论的话题。关于什么才是真正的"狮子精神",在《非洲狮》一书中已经做了最好的诠释。

科普知识博览
Ke Pu Zhi Shi Bo Lan

一时间各种声音不断。有人说《狼图腾》告诉中国人，中国人血液里应该有一种狼的精神。而《非洲狮》则告诉中国人更应该具备的则是"狮子精神。"拿破仑曾经说过，中国是一头睡狮，千万不能将它唤醒，一旦醒来全世界都会震撼。拿破仑曾将中国比喻成一头沉睡的雄狮，他看到了中国人性格中有待被唤醒的狮子精神。

什么是"狮子精神"

狮子精神是种超凡的自信、霸气、能屈能伸、重视团队、强大魄力、不屈不挠等精神。

关于作者以及她的《非洲狮》

《非洲狮》作者管卉，出生于山东美丽的海滨城市青岛。从小就生长在海边的她对大海的兴趣并不大，她最向往的地方反而是草原，尤其是非洲大草原，她说那是人类诞生的地方。

1994年一部惊世骇俗的迪斯尼动画电影《狮子王》在全球赢得七亿八千万美元票房的同时也赢得了管卉的心，在那一刻管卉爱上了非洲狮。从此以后管卉开始致力于非洲狮的研究，她收集了大量有关非洲狮的资料，照片、纪录片等（纯属业务爱好）甚至到了废寝忘食的程度，那个时候她最感兴趣的节目是《动物世界》。

管卉发现真实的非洲狮的世界，比影片中更加神奇。

第四章 畅谈狮子文化

十年的时间让管卉成了一个地地道道的"狮子通"。2004年,随着一本名为《狼图腾》的动物小说的出版,瞬间风靡全国。当全国读者都在为"狼性文化"而疯狂的同时,管卉却不这么认为。2004年12月,管卉整理了近十年来自己收集的资料,开始进行一部有关于狮子小说的创作,初定名为《非洲草原上的落日》。

2007年年初,《非洲草原上的落日》开始在网上连载,随后引起

轰动。一场关于"狮子精神"与"狼性文化"的讨论开始在网络上热议。

2007年8月,《非洲草原上的落日》被全国多家出版机构看中,并公开竞标该作品的简体中文版出版权。

2007年11月,某出版机构以天价的方式拿下《非洲草原上的落日》的简体中文版版权。

2008年年初,管卉对其作品表示不够满意,开始修改工作。

2008年6月,经作者与出版商协商,《非洲草原上的落日》改名为《非洲狮》。

2008年年底,《非洲狮》上市。

通过《非洲狮》看"狮子精神"与"狼性文化"的共同点

(1) 共同点一:团队意识

狼最值得称道的是战斗中的团队精神,协同作战。狼一般过着群居的生活,狼与狼之间的配合成为狼成功捕猎的决定性因素,它们为了共同生存,可以牺牲一切,它们知道自己是谁,它们为相互依存而活。不管做任何事,它们总能依靠团体的力量去完成。狼群在捕猎时

总是通力合作、彼此照应。令人感动的是，当遇到危机时，狼总是用自己尾巴的摆动，彼此的相触来相互鼓励。

相比起狼来说，狮子更是一种团队意识很强的动物。在所有的猫科动物中，狮子的团队意识最强，它们分工明确和睦相处。头领雄狮的主要职责是保卫领地，其他的雄狮负责保护雌狮。而雌狮则负责狩猎和生育。在雌狮中有一个族长，它是雌狮中领导者，所有的雌狮分工，狩猎时的战术安排等环节都是由族长负责。《非洲狮》的主角落日，就是一头狮子家族中的族长，它在整个狮子家族中起着不可或缺的作用，带领着狮群度过一次次强盛与衰落。

（2）共同点二：尊重对手

狼尊重每个对手，而不会轻视它。在每次攻击之前，狼都会了解猎物，观察并记住猎物许多细微的个性特征和习惯，所以狼的攻击对于许多动物来说是致命的。狼为了捕获猎物，它们可以持续长达好几天的时间，观察并监控被它们盯上的猎物群。

在《非洲狮》里，有一只被"落日"尊称为"将军"的角马。第一次交手还是它们幼年的时候，那是"落日"一生都无法忘记的，第一次交手以"落日"的失败而告终，但却让"落日"结识了一个一生的对手。书中这样写到："多年后再见面时，我已成为真正的傲视群雄的草原之王，而它也成了最强壮的角马王，成为部落之首。到时候，新的以生命为代价的较量又会在我们之间展开，这样两条自由延伸的生命线的分合交集让我们成为彼此生命中少有的传奇。"一只认定目标的狮子和一只企图干掉狮子的角马，从此以后它们的每一次相遇都迸发出闪耀的火花。"将

第四章　畅谈狮子文化

军"这只角马一直是"落日"最尊重的对手,这是人无法理解的,谁会去尊重盘子里的食物?狮子"落日"会。

(3)共同点三:重视策略

狼从来不靠运气,不打无准备之仗,踩点、埋伏、攻击、打围、堵截,组织严密,很有章法。它们对即将实施的行动总是具有充分的把握,当狼群在捕猎中不得不面对比自己更强大的猎物时,单列行进的狼总会改变阵势,对敌人群起而攻之,直到把猎物变为食物为止。在攻击时,每一匹狼都会尽心尽力,不管自己是否会受伤害。狼群从来不会漫无目地围着猎物胡乱奔跑,尖叫狂叫。它们总会制定适宜的战略,通过相互间不断的沟通来实现团队的期望。狼既懂得进攻,也懂得退却;既不怕赤裸,更善于伪装;既能孤身奋战,也善于群体进攻。

在狮子家族中,一个优秀的族长的职责不仅仅是带领团队狩猎、生育,这些仅仅是它的基本职责。更重要的是,族长还要在必要的时候抗击外敌的入侵。狮子之间也有战争。书中狮子落日利用自己天才般的战术安排,战胜了比自己强大数倍的另一个狮子家族。在它的身上拥有一切领导者的优秀品质。